Dr. Yogesh Agrawal
Mr. Anirudh Mishra
Dr. Anil Singh Yadav

Análise de desempenho do coletor de ar térmico fotovoltaico

Dr. Yogesh Agrawal
Mr. Anirudh Mishra
Dr. Anil Singh Yadav

Análise de desempenho do coletor de ar térmico fotovoltaico

Um Manual e Aplicação do Coletor de Ar Térmico Solar

ScienciaScripts

Imprint

Cover image: www.ingimage.com

This book is a translation from the original published under ISBN 978-620-7-46509-5.

Publisher:
Sciencia Scripts
is a trademark of
Dodo Books Indian Ocean Ltd. and OmniScriptum S.R.L publishing group

120 High Road, East Finchley, London, N2 9ED, United Kingdom
Str. Armeneasca 28/1, office 1, Chisinau MD-2012, Republic of Moldova, Europe
Printed at: see last page
ISBN: 978-620-7-77481-4

Conteúdo

CAPÍTULO-1

INTRODUÇÃO GERAL

1.1 INTRODUÇÃO

A energia é o elemento-chave de todas as actividades da vida. Tornou-se uma necessidade crucial na economia moderna. Na prática, o desenvolvimento de uma nação pode ser medido pelo seu consumo de energia. À medida que a população do país progride, o consumo de energia aumenta. Prevê-se também que a energia venha a ser um dos maiores desafios e uma das maiores questões do mundo no futuro. Nas últimas décadas, os combustíveis fósseis têm dado uma contribuição importante, estimada em 80% da produção de energia no mundo. Esta energia fiável fornece os serviços e a engenharia à sociedade em termos de melhoria do estilo de vida, transportes avançados, comunicações de ponta, assistência médica de vanguarda e muito mais.

A procura de energia consumida pela humanidade tem vindo a aumentar significativamente nos últimos 30 anos. Segundo os registos de 1980-2010, o consumo total de energia primária aumentou consideravelmente para 75-80%. Devido a esta procura esmagadora e aos relatórios de numerosos analistas petrolíferos, a fonte de combustíveis fósseis está a esgotar-se. Verifica-se que a produção de petróleo e de gás natural aumentou rapidamente após um pico em 2015, após o que a produção parece ter diminuído e desenvolvido tendências decrescentes até 2050. Por outro lado, a rápida ingestão de energia também conduz a uma emissão descontrolada de dióxido de carbono (CO_2), bem como a um aquecimento global fundamental. Os combustíveis fósseis contribuem para problemas ambientais a longo prazo, como as chuvas ácidas e o efeito de estufa. Estes fenómenos são muito cruciais e tornam-se uma crise de grande preocupação ambiental. Com base em dados meteorológicos, o mundo está a aquecer 0,8°C de seis em seis horas. Este facto acaba por integrar gases naturais com efeito de estufa graves, como o dióxido nitroso (NO_2), o metano, os clorofluorocarbonos (CFC) e os hidrofluorocarbonos (HFC). Com o aumento do ano, a temperatura da Terra e a emissão de CO_2 aumentam drasticamente. Pior ainda, estas circunstâncias provocaram catástrofes naturais como a erupção de vulcões cataclísmicos, terramotos, tsunamis, inundações repentinas e outras catástrofes que causaram milhares de mortes. Para atenuar os problemas das alterações climáticas, os cientistas estão a procurar fontes de energia alternativas. Os decisores políticos estão a defender que se deixe de dar ênfase à energia nuclear e se concentre noutras alternativas. Isto corresponde à sequência dos desastres duplos de Fukushima e à volatilidade dos preços do petróleo. Além disso, a agitação da crise política nos países do Médio Oriente fez aumentar ainda mais a produção mundial de petróleo. Os investigadores de todo o mundo têm sido desafiados a encontrar recursos energéticos amigos do ambiente. Neste sentido, as energias renováveis (ER) são um candidato promissor para retificar este fenómeno crítico que o mundo enfrenta. As ER são um recurso de energia naturalmente renovado que deriva da ação da energia solar, eólica, geotérmica, hidroelétrica e da biomassa. Devido à sua fonte infinita, as ER têm recebido uma enorme atenção em todo o mundo pela sua tecnologia silenciosa, rentável, fonte de energia fiável e, acima de tudo, amiga do ambiente. Em 2006, foi descrito que a tecnologia das ER contribuía com 13,3% das necessidades mundiais de energia primária. A percentagem ainda é considerada baixa devido a alguns desafios, como a exploração dos recursos locais disponíveis, a superação de questões ambientais, a aceitação pública e a política mundial. No entanto, prevê-se também que a contribuição das energias renováveis aumente de 20% (em 2011) para 28% (em 2030). Esta energia alternativa é a melhor opção para aumentar a variedade dos recursos energéticos. Poderá resolver alguns dos seguintes problemas: (1) substituir os recursos fósseis, (2) diminuir a dependência externa do combustível fóssil por ser nacional, (3) revelar-se importante no abastecimento elétrico, especialmente nas zonas rurais, e (4) resolver a poluição atmosférica causada por gases perigosos.

A energia solar é uma das fontes de energia renováveis compatíveis com o ambiente. É reconhecida como uma das promessas que podem conservar a Terra para sobreviver numa forma razoável. A energia solar é virtualmente ilimitada. O Sol é a principal fonte de energia renovável e é mais abundante do que qualquer outro tipo de energia.

Além disso, as outras energias renováveis são limitadas na sua quantidade. O Sol pode ser assimilado numa forma importante de energia térmica e luminosa. A tecnologia de recolha de energia solar pode ser dividida nas três categorias principais seguintes: [1]

1. **Sistema solar térmico**: O calor captado pelo coletor solar é convertido diretamente em energia térmica. A energia produzida pode ser utilizada para água quente sanitária, aquecimento de espaços, secagem agrícola e aumento da ventilação.
2. **Sistema fotovoltaico (PV):** Um módulo fotovoltaico converte diretamente a luz solar captada pelo painel em energia eléctrica sob a forma de corrente contínua (CC) através do efeito fotoelétrico. Esta saída é utilizada especificamente para a produção de eletricidade.
3. **Sistema fotovoltaico-térmico (PV/T):** Um sistema combinado entre componentes solares térmicos e fotovoltaicos. A luz solar, sob a forma de energia fotónica, é absorvida pelo sistema. É capaz de gerar eletricidade e uma parte dela é convertida em energia térmica. O processo de conversão ocorre simultaneamente

1.2 SISTEMAS TÉRMICOS FOTOVOLTAICOS

Os sistemas PVT híbridos convertem simultaneamente a radiação solar em eletricidade e energia térmica. O desempenho, a fiabilidade e a credibilidade dos sistemas fotovoltaicos híbridos são excelentes, além de funcionarem num ambiente silencioso. A eficiência da célula solar diminui quando a temperatura aumenta. A eficiência do sistema perderá cerca de 0,3% quando a temperatura das células aumentar 1°C. O ar pode ser utilizado para arrefecer a temperatura da superfície do painel fotovoltaico. O ar captará o calor da superfície e pode ser utilizado para aplicações domésticas, incluindo secagem e outras aplicações de calor de processos industriais.

As características atractivas dos sistemas PVT são

1. Fornece energia limpa e verde e não emite gases nocivos com efeito de estufa.
2. A energia solar é fornecida pela natureza e, por conseguinte, é gratuita e abundante.
3. Os custos de funcionamento e manutenção dos painéis fotovoltaicos são considerados baixos, quase negligenciáveis, quando comparados com os custos de outros sistemas de energias renováveis.
4. Os painéis fotovoltaicos não têm partes mecânicas móveis, exceto nos casos de bases mecânicas de seguimento do sol; consequentemente, têm muito menos rupturas ou requerem menos manutenção do que outros sistemas de energias renováveis (por exemplo, turbinas eólicas)
5. Os painéis fotovoltaicos são totalmente silenciosos, não produzindo qualquer ruído; consequentemente, são uma solução perfeita para zonas urbanas e para aplicações residenciais.

1.3 TIPOS DE SISTEMAS PVT

Dependendo de várias configurações, os sistemas PVT podem ser classificados em três categorias principais descritas a seguir:

1.3.1 Em função do caudal ou dos passes:

a) **Coletor de ar PVT de passagem única:** Um coletor de ar PVT de passagem única é uma combinação de placa absorvente de vidro, tedlar ou qualquer outro material (por exemplo, aço). Na parte superior da placa absorvente, as células solares são fixadas e envidraçadas, após o que o fluido flui por baixo da placa absorvente. Este tipo de coletor consiste principalmente num único fluxo de ar por baixo da placa absorvente. O ar absorve o calor da placa absorvente, reduz a temperatura da célula e melhora a eficiência energética.
desempenho do coletor.

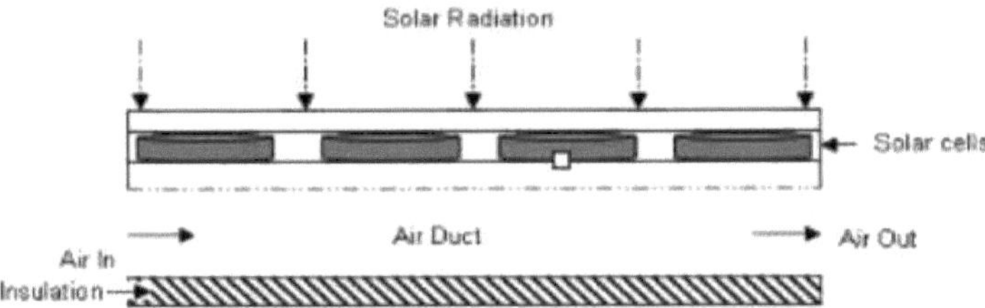

Fig. 1.1 Vista em corte transversal do coletor de ar PVT de passagem única

b) **Coletor de ar PVT de dupla passagem:** O coletor de ar PVT de dupla passagem é muito semelhante ao coletor de ar PVT de passagem simples. A principal diferença entre eles é o número de canais de fluxo de ar. O canal superior é constituído por um absorvedor solar e uma cobertura de vidro. O segundo canal, que está localizado na parte inferior do primeiro canal, é constituído pela mesma placa absorvente (na parte superior) e pela placa isolada (na parte inferior). O ar que entra no coletor é dividido; metade passa pelo canal superior, enquanto o restante flui pelo canal inferior. Para ambos os canais, o fluxo de ar entra no canal e sai diretamente dele. A utilização de um coletor de ar PVT de dupla passagem aumenta a área de transferência de calor e o desempenho térmico do sistema pode ser superior ao de um modelo de coletor de ar PVT de passagem única para o mesmo caudal mássico.

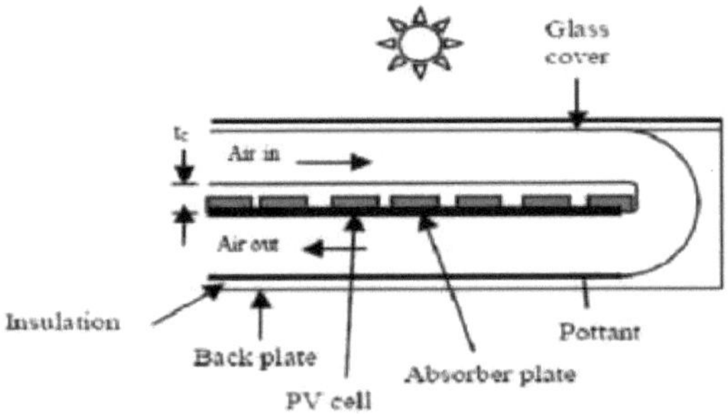

Fig.1.2 Vista em corte transversal de um coletor de ar PVT de dupla passagem

1.3.2 De acordo com a cobertura

a) **Coletor de ar PVT envidraçado:** Os sistemas envidraçados têm uma folha superior transparente e painéis laterais e traseiros isolados para minimizar a perda de calor para o ar ambiente. As placas absorventes dos painéis modernos podem ter uma capacidade de absorção superior a 93%. Normalmente, o ar passa ao longo da parte da frente ou de trás da placa absorvente, enquanto o calor é diretamente retirado da mesma. O ar aquecido pode então ser distribuído diretamente para aplicações como o aquecimento e a secagem de espaços ou pode ser armazenado para utilização posterior.

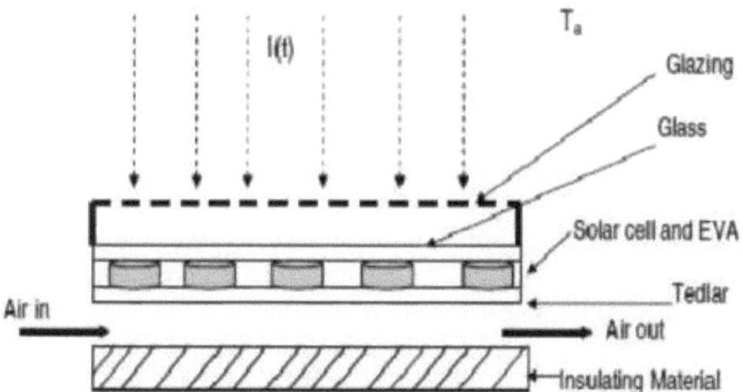

Fig.1.3 Vista em corte transversal do coletor de ar PVT envidraçado

b) Coletor de ar PVT não vidrado: Os sistemas não envidraçados, ou sistemas de ar transpirado, consistem numa placa absorvente que o ar atravessa ou atravessa à medida que retira calor do absorvedor.

Estes sistemas são normalmente utilizados para pré-aquecer o ar de compensação em edifícios comerciais.

Estas tecnologias estão entre as mais eficientes.

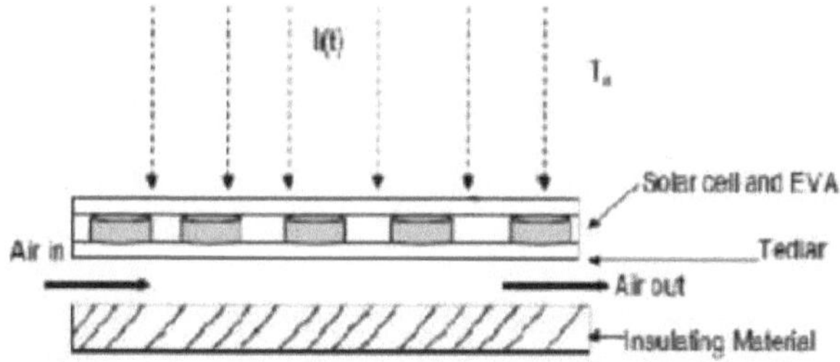

Fig.1.4 Vista em corte transversal de um coletor de ar PVT não vidrado

1.3.3 De acordo com a conceção do módulo fotovoltaico:

a) Coletor de ar PVT de vidro para vidro: Como se pode ver na figura, num coletor de ar PVT híbrido de duas vias

No sistema vidro-vidro, a radiação solar é absorvida pela célula solar e pela superfície negra da divisória de isolamento inferior e aquece a célula solar e o isolante. Em seguida, ocorre a convecção térmica de ambos os lados da célula solar e da superfície do isolador para o ar que flui

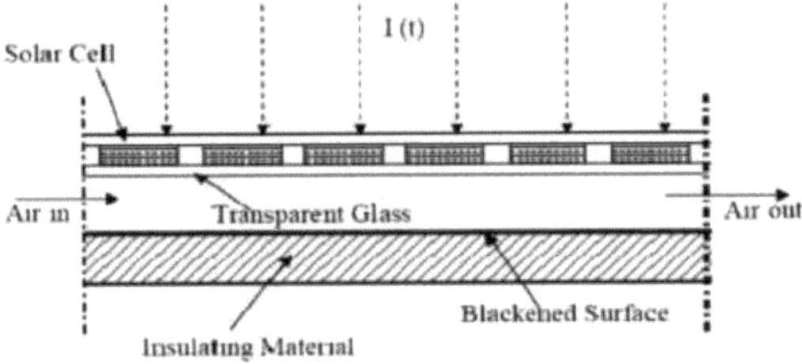

Fig.1.5 Vista em corte transversal do coletor de ar PVT vidro-vidro

b) **Coletor de ar PVT de vidro para tedlar:** A radiação solar do coletor de vidro para tedlar é absorvida pela célula solar e pelo tedlar. Em seguida, o calor é convectado do lado superior da célula solar e do lado inferior do tedlar para o ar que flui.

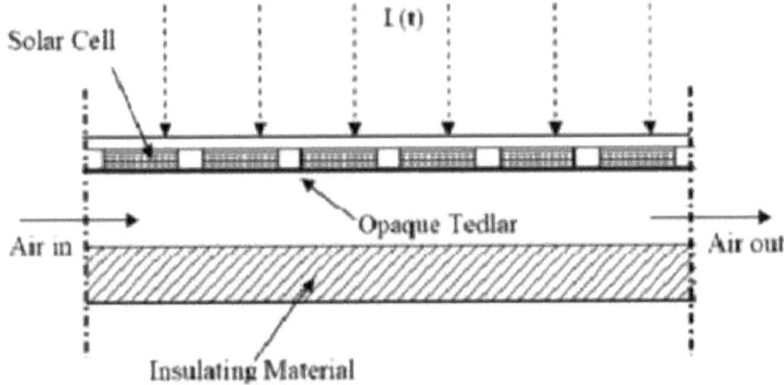

Fig.1.6 Vista em corte transversal do coletor de ar PVT de vidro para tedlar

c) **Coletor de ar PVT de vidro para metal:** Este tipo de módulo fotovoltaico não é comum, as células solares são fixadas na placa metálica e depois envidraçadas, após o que a radiação solar do coletor é absorvida pela célula solar e pela placa metálica. Em seguida, o calor é convectado do lado superior da célula solar e do lado inferior da placa para o ar que flui. Na presente tese, estamos a utilizar uma placa de aço como placa absorvente.

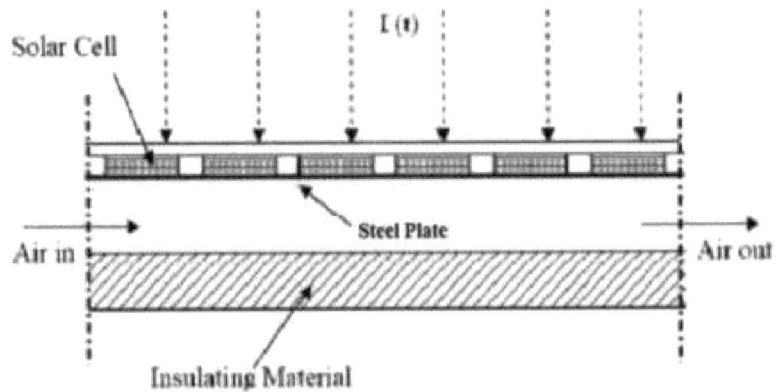

Fig.1.7 Vista em corte transversal do coletor de ar PVT de vidro para aço

1.3.4 Em função do tipo de fluido que circula:

a.) Fluido gasoso: O fluido que circula no interior da conduta por baixo da placa absorvente para arrefecimento FV permanecerá numa forma gasosa durante todo o fluxo, por exemplo, ar. A Fig. 1.8 mostra claramente o PVT do tipo fluido gasoso, no qual um fluido gasoso, ou seja, o ar, entra pela entrada e sai pela saída, permanecendo este fluido em forma gasosa durante todo o seu fluxo.

Fig.1.8 Fluido gasoso PVT.

b.) Fluido líquido ou refrigerante: O fluido que circula no interior da conduta por baixo da placa absorvente para arrefecimento fotovoltaico permanecerá no estado líquido durante todo o fluxo, por exemplo, água, óleo ou refrigerante. Geralmente, a água é utilizada para este fim devido ao custo, mas quando o aumento do custo não é um fator primordial, podem ser utilizados outros tipos de meios de arrefecimento, como óleos, refrigerantes, etc.

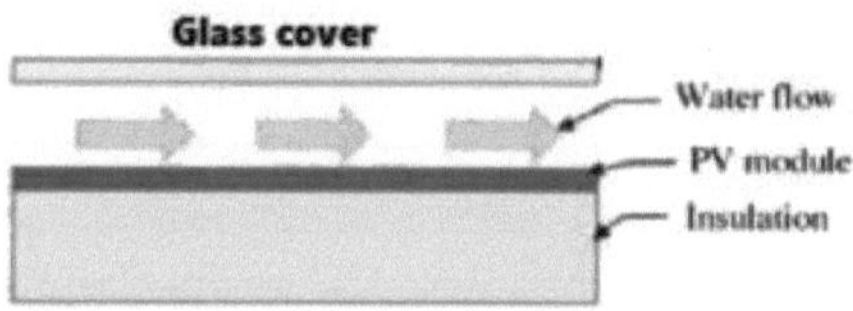

Fig.1.9 Fluido líquido tipo PVT

c.) Material de mudança de fase tipo PVT: O fluido que circula no interior da conduta por baixo da placa absorvente não permanecerá numa única fase durante todo o seu fluxo. O fluido que circula no interior da conduta absorve calor e muda de fase durante o escoamento. O estado do fluido à entrada e à saída é diferente.

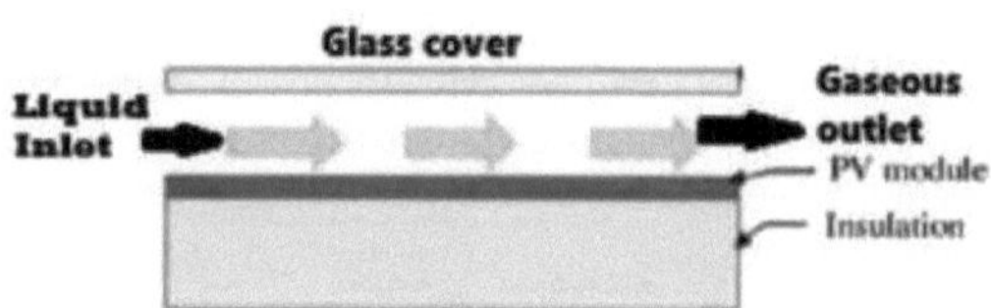

Fig.1.10 Fluido de mudança de fase tipo PVT

1.4 APLICAÇÕES DOS COLECTORES DE AR PVT

1. **Produção de eletricidade e aquecimento de escritórios e edifícios:** Os painéis

fotovoltaicos integrados nos edifícios (BIPV) são uma opção promissora para os agregados familiares em zonas remotas, montanhosas e rurais sem acesso à rede eléctrica, uma vez que os conjuntos de painéis fotovoltaicos são montados no telhado ou nas paredes exteriores dos edifícios. As casas solares de energia zero, em que a energia necessária para os electrodomésticos é gerada pelos painéis solares nas mesmas instalações, podem ser outra opção. No caso de a energia gerada nessas casas exceder o consumo total de energia do agregado familiar, a energia excedente pode ser devolvida à rede eléctrica

2. **Secagem de culturas e bombagem de água em zonas remotas:** A utilização de secadores solares na agricultura pode revelar-se extremamente eficiente devido ao baixo custo de fabrico e de funcionamento. Os secadores solares são capazes de proteger os cereais e a fruta, secar mais rápida e uniformemente e produzir um produto de melhor qualidade do que os métodos ao ar livre. Embora os preços actuais dos painéis fotovoltaicos tornem impraticável a maioria dos sistemas de irrigação de culturas, os sistemas fotovoltaicos são muito rentáveis para o abastecimento remoto de água ao gado, para o arejamento de lagos e para pequenos sistemas de irrigação. Além disso, os sistemas fotovoltaicos de bombagem de água podem ser a opção mais rentável de bombagem de água em locais onde não existem linhas eléctricas.

3. **Fornecimento remoto de eletricidade:** Os sistemas PVT convertem a luz solar diretamente em eletricidade de forma muito eficiente. Podem alimentar diretamente um aparelho elétrico ou armazenar a energia solar numa bateria. Um local "remoto" pode estar a vários quilómetros ou a apenas 15 metros de uma fonte de energia. O PVT pode ser muito mais barato do que instalar linhas eléctricas e transformadores redutores em aplicações como vedações eléctricas e iluminação. Num nível ainda mais pequeno, uma solução integrada de microgeração de energia eliminaria a necessidade de ligar sistemas de baixa potência à rede eléctrica CA para obter energia primária ou para recarregar ou substituir e eliminar baterias.

1.5 OBJECTIVO DA TESE

O principal objetivo desta tese é analisar o desempenho de um coletor de ar fotovoltaico térmico (PVT) de vidro e aço com alhetas rectangulares na parte inferior da placa absorvente e desenvolver um modelo térmico do sistema e validar os seus resultados com base nos resultados de vários investigadores. São utilizadas várias equações empíricas na formulação matemática do sistema para calcular os coeficientes efectivos de transferência de calor do sistema. Para avaliar o desempenho global do sistema, são também determinados o ganho de calor útil, a temperatura da célula fotovoltaica, a temperatura média da placa absorvente e o fluxo de ar na conduta com alhetas. A análise fluidodinâmica computacional em ICEM CFD e FLUENT também será efectuada para simular o sistema.

1.6 ORGANIZAÇÃO DO LIVRO

A literatura relevante foi explorada para identificar os aquecedores de ar térmico fotovoltaicos, os seus tipos e classificações em diferentes bases, as suas aplicações gerais em diferentes áreas e domínios no capítulo 1. No capítulo 2, descreve-se sucintamente o desenvolvimento do PVT e do PV, bem como a introdução da célula de silício monocristalino e do processo de fabrico de células solares com base em bolachas e a sua utilização em módulos, seguido de várias características da célula solar, a introdução de diferentes tipos de módulos PV e o cenário mundial da energia solar, bem como os problemas e os constrangimentos da energia solar na Índia. Introdução e tipo de radiação solar e vários outros parâmetros geográficos que afectam a magnitude da radiação solar em qualquer local e os instrumentos de medição da radiação solar são descritos no capítulo 3. No capítulo 4, apresenta-se a introdução do sistema de modelação térmica e a lista de hipóteses adoptadas na presente análise, a simulação CFD, ou seja, a modelação, a criação de malhas e a solução. Os gráficos de resultados com a sua explicação para vários parâmetros e várias observações são explicados no capítulo 5 e, finalmente, no capítulo 6, é descrita a conclusão do trabalho e o seu âmbito para o futuro.

CAPÍTULO 2

DESENVOLVIMENTOS EM FOTOVOLTAICA TÉRMICA SISTEMAS

2.1 INTRODUÇÃO

2.1 Desenvolvimento inicial do coletor PVT: conceção e avaliação do desempenho

O estudo do sistema PVT começou em meados da década de 1970. Foi iniciado quando o módulo PV enfrentou uma queda na eficiência quando a temperatura da superfície do painel aumentou. Martin Wolf foi conhecido por ser o primeiro a introduzir o trabalho sobre o sistema PV/T de placa plana baseado em líquido [2]. O estudo foi testado para o aquecimento residencial em Boston, que cobria uma área de $50m^2$. Um conjunto solar de silício montado num coletor térmico não concentrado está equipado com uma bateria de chumbo-ácido e um tanque de água para armazenamento de eletricidade e de calor, respetivamente. Os resultados mostraram que o sistema combinado é tecnicamente viável e económico. Este estudo pioneiro foi posteriormente desenvolvido com modelação matemática por Florschuetz, que se centrou na aplicação TRNSYS. O desempenho do sistema líquido PVT de placa plana foi analisado utilizando a modificação do modelo térmico Hottel-Whillier baseado na eficiência do conjunto de células e na diminuição da eficiência das células com a temperatura [34]. Este modelo tornou-se então a base do modelo PV/T TYPE 50 no TRNSYS. Entre os primeiros trabalhos, Kern e Russell também inovaram a ideia de combinar o sistema FV/T de modo a remover o calor da superfície FV para que a eficiência possa ser melhorada [5]. A experiência foi realizada utilizando dois tipos de meios refrigerantes separadamente, que eram o ar e a água. Hendrie [6] também apresentou uma abordagem teórica sobre sistemas PVT utilizando a técnica convencional de colectores térmicos. O modelo matemático analisou o desempenho de um sistema combinado PV/T para sistemas baseados em ar e líquido. Os resultados mostraram uma eficiência eléctrica muito baixa, de 6,8%, comparada com uma produção térmica de 40,4% e 32,9% para sistemas de ar e de líquido, respetivamente. Durante a década de 1980, a investigação e o desenvolvimento do sistema FV/T foram realizados rapidamente, tendo havido estudos vigorosos que abrangeram vários métodos, a fim de obter um sistema de melhor desempenho para satisfazer as necessidades de aplicação.

O sistema PVT é analisado utilizando células mono cristalinas, policristalinas, amorfas ou de película fina [7]. Estas variações de células solares têm as suas próprias características extra baseadas no seu desempenho e também no custo de produção. Para captar o máximo de radiação solar, foram apresentadas três classes de concentradores. A primeira classe, que também é do interesse dos investigadores, é a dos concentradores parabólicos compostos e de placa plana (CPC) [8]. A segunda classe é constituída por reflectores parabólicos lineares e reflectores Fresnel lineares e a terceira classe é constituída por lentes Fresnel 3D [9]. A segunda e a terceira classes não são escolhidas para a maioria dos estudos devido aos problemas complicados de construção e manutenção. Também se centra principalmente no desenvolvimento da tecnologia PVT integrada em edifícios (BIPVT). O tipo de painel coberto também é discutido entre painéis fotovoltaicos envidraçados e não envidraçados [10, 11]. Verificou-se que os módulos fotovoltaicos envidraçados têm uma eficiência térmica mais elevada do que os painéis não envidraçados. Mas ambos os tipos de painéis cobertos apresentam uma eficiência eléctrica muito baixa devido às perdas ópticas adicionais. Outro campo de estudo que explora o sistema PVT é o tipo de fluxo de fluido. Este é classificado como fluxo de fluido natural, forçado ou laminar [12, 13]. Estes estudos mostram um resultado satisfatório no aumento do fluxo de ar na superfície FV para diminuir a temperatura e aumentar a produção de eletricidade.

2.2 DESENVOLVIMENTO DA TECNOLOGIA FOTOVOLTAICA

O fenómeno físico responsável pela conversão da luz em eletricidade - o efeito fotovoltaico - foi observado pela primeira vez em 1839 por um físico francês, Edmund Becquerel [14]. Becquerel notou o aparecimento de uma tensão quando um de dois eléctrodos idênticos numa solução condutora fraca era iluminado. O efeito PV foi estudado pela primeira vez em sólidos, como o selénio, na década de 1870. Na década de 1880, foram construídas células fotovoltaicas de selénio que apresentavam uma eficiência de 1%-2% na conversão de luz em eletricidade. As células de selénio nunca se tornaram práticas como conversores de energia, porque o seu custo é demasiado elevado em relação à pequena quantidade de energia que produzem (com uma eficiência de 1%) [15]. Um grande passo em frente na tecnologia das células solares ocorreu na década de 1940 e no início da década de 1950, quando foi desenvolvido um método (chamado método Czochralski) para produzir silício cristalino altamente puro [16]. Em 1954, os trabalhos nos Bell Telephone Laboratories resultaram numa célula fotovoltaica de silício com uma eficiência de 4%. Os Bell Labs melhoraram rapidamente este valor para 6% e depois para 11% de eficiência, anunciando uma era inteiramente nova de células produtoras de energia. [17]

Na década de 1950, foram tentados alguns esquemas para utilizar comercialmente células fotovoltaicas de silício. A maioria destinava-se a células em regiões geograficamente isoladas das linhas de eletricidade. Mas um inesperado boom na tecnologia fotovoltaica veio de um outro lado. Em 1958, o satélite espacial americano Vanguard utilizou um pequeno conjunto de células (menos de um watt) para alimentar o seu rádio. As células funcionaram tão bem que os cientistas espaciais depressa perceberam que a energia fotovoltaica poderia ser uma fonte de energia eficaz para muitas missões espaciais.

2.2.1 Fluxo do processo da tecnologia comercial de células de silício

Uma célula solar é um dispositivo simples de junção P-N. Um contacto metálico no lado P e no lado N é suficiente para que a junção funcione como uma célula solar. Mas para produzir uma célula solar eficiente, são utilizados vários outros processos de fabrico. A fig. 2.1 apresenta um fluxo genérico de processos e o correspondente desenho esquemático da bolacha para o fabrico industrial de células solares[18].

O fabrico de células solares começa com uma bolacha de Si monocristalino, normalmente um Si do tipo P [Fig.2.1 (a)]. As bolachas adquiridas são obtidas após o corte em cubos de um lingote. O processo de serragem resulta em danos mecânicos na superfície da bolacha, que têm de ser removidos. A remoção é feita por corrosão química húmida. O processo de limpeza é combinado com o processo de texturização, que é efectuado para reduzir a reflexão da superfície da célula [Fig.2.1 (b)]. Para o efeito, as bolachas são imersas num banho químico (NaOH alcalino). O Si na superfície é gravado anisotropicamente, resultando em pirâmides na superfície. Assim, a limpeza e a texturização da bolacha ocorrem em conjunto.

O passo seguinte é a formação de uma junção P-N. As bolachas são colocadas no forno e expostas ao dopante (normalmente fósforo). Uma vez que ambos os lados das bolachas estão expostos ao dopante, este difunde-se por toda a bolacha e ocorre a formação de uma junção à volta das bolachas [Fig.2.1 (c)]. Isto não é desejável, uma vez que, para o funcionamento da célula solar, deve ser estabelecido um contacto metálico com a região do tipo P e N. Idealmente, é necessária uma junção P-N apenas na superfície frontal. Este problema é resolvido removendo a junção dos bordos [Fig.2.1 (d)]. Após a remoção dos bordos, o passo seguinte é a deposição de um revestimento antirreflexo (ARC), que é utilizado para reduzir ainda mais a reflexão e também para a passivação da superfície [Fig.2.1 (e)]. Os contactos metálicos são impressos por serigrafia após a deposição do ARC, utilizando uma pasta de metal e solventes. Os contactos são impressos tanto na parte de trás (contacto contínuo) como na parte da frente, como mostra a Fig. 2.1 (f). A pasta contém uma quantidade significativa de solventes que têm de ser evaporados ou os contactos metálicos têm de ser secos. O processo de secagem dos contactos é conhecido como queima de contactos [Fig.2.1 (g)].

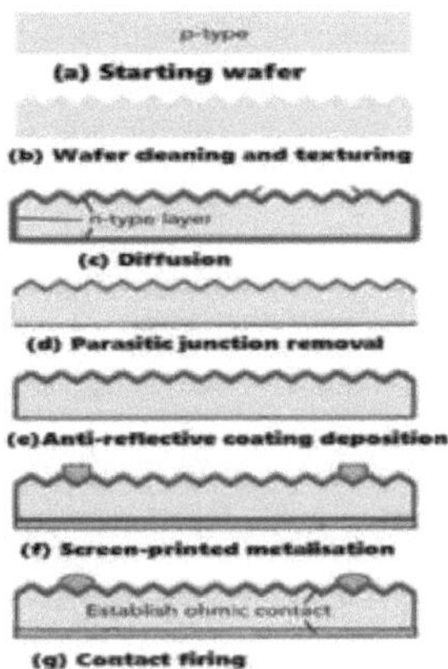

Fig.2.1. Fluxo genérico para o fabrico comercial de células solares em bolacha.

2.3 MÓDULOS SOLARES FOTOVOLTAICOS A PARTIR DE CÉLULAS SOLARES

Um módulo solar fotovoltaico pode ser considerado uma grande célula solar com maior tensão e corrente de saída do que uma única célula solar. O módulo solar fotovoltaico é obtido através da interligação de células solares mais pequenas. A potência gerada por uma célula solar depende da sua eficiência. Dependendo da eficiência da célula, a potência gerada por unidade de área situa-se normalmente entre 10 mW/cm^2 e $25mW/cm^2$, o que corresponde a uma eficiência da célula de 10% a 20%. Atualmente, a área máxima de uma célula solar única, baseada em bolacha, é de 15 x15=$225cm^2$. Com uma eficiência de célula de 15%, a potência de pico gerada por esta célula seria de 3,37 W. Também se fabricam células solares de menor dimensão, em que a potência de saída por célula solar pode ser tão pequena como 0,25 W.

2.3.1 Características I-V das células solares

É possível obter uma maior potência, utilizando células solares de menor potência, efectuando ligações paralelas em série das células. A ligação em série é feita para aumentar a tensão de saída, enquanto a ligação em paralelo é feita para aumentar a corrente de saída. A caraterística I-V de uma única célula solar é mostrada na Fig. 2.2

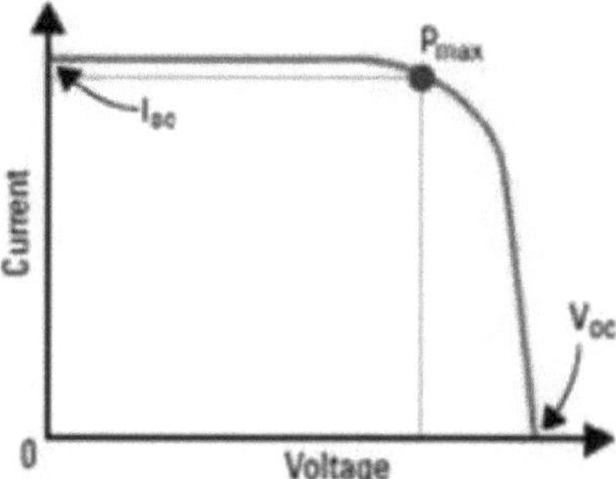

Fig.2.2 Característica I-V de uma célula solar simples.

A equação básica das células solares é a seguinte:

$$I_{sc} = I_L - I_o\left(e^{\frac{qv}{nkT}} - 1\right) \quad 2.1$$

$$V_{oc} = \frac{nkT}{q}\ln\left(\frac{I_L}{I_O}\right) \quad 2.2$$

Onde k é a constante de Boltzmann, T é a temperatura em termos de Kelvin, q é a carga eléctrica, V é a tensão de saída da célula solar, IL é a corrente gerada pela luz e Io é a corrente de saturação inversa.

Quando duas ou mais células são ligadas em paralelo, a corrente de duas células será adicionada enquanto a tensão da combinação permanecerá a mesma que a de uma única célula [Fig. 2.3].

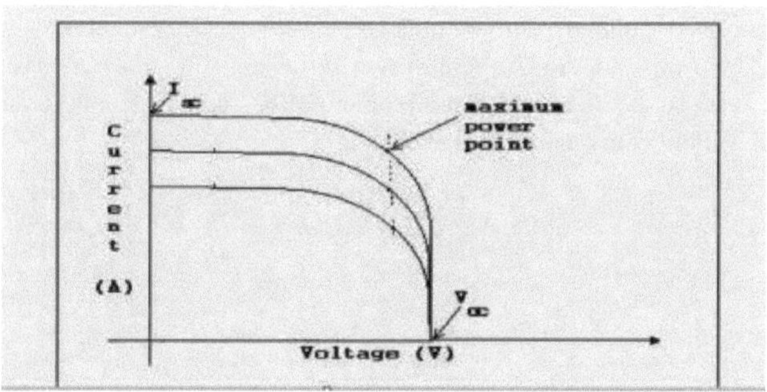

Fig. 2.3 Característica I-V de células solares ligadas em paralelo.

Do mesmo modo, quando duas ou mais células idênticas são ligadas em série, a tensão das duas células será adicionada, enquanto a corrente através da combinação será a mesma que a da célula única, como se mostra na Fig. 2.4[19].

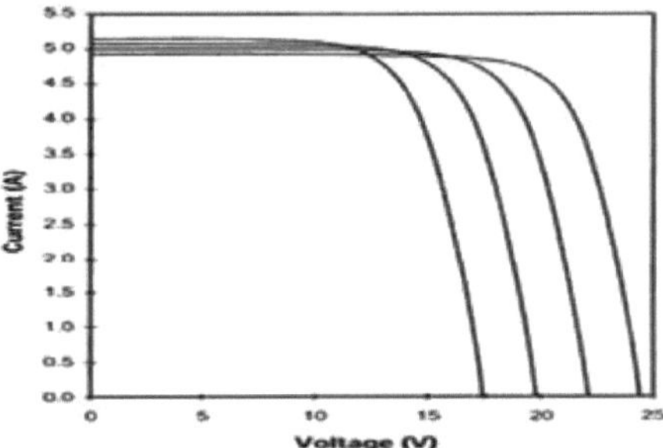

Fig. 2.4 Característica I-V de células solares ligadas em série.

2.3.2 Efeito da temperatura da célula solar

As características I-V das células solares variam consoante a temperatura. O aumento da temperatura reduz o intervalo de banda de uma célula solar, afectando assim os parâmetros eléctricos da célula solar. O parâmetro mais afetado pela temperatura é o V_{oc}. De acordo com a equação 2.2, a tensão de circuito aberto diminui com a temperatura devido à dependência da temperatura da corrente de saturação inversa (I_o).

$$I_o = qA\frac{Dn_i^2}{LN_D} \quad 2.3$$

Onde q é a carga eletrónica, D é a difusividade da célula solar, L é o comprimento de difusão da célula solar, N_D é a dopagem.

2.3.3 Módulo FV

O módulo fotovoltaico é um conjunto de células ligadas eletricamente que podem fornecer a potência desejada para uma determinada aplicação. Para proteger o módulo dos danos ambientais, os módulos fotovoltaicos são embalados utilizando vidro na parte da frente e resina polimérica para encapsulamento e proteção da parte de trás, que proporciona isolamento e proteção eléctrica. Na parte de trás, pode haver uma folha de vidro, resina de polímero, folhas de Al, polímero duro ou uma combinação destas camadas.

Na parte de trás do módulo é geralmente utilizado um material polimérico duro. Normalmente, trata-se de fluoreto de polivinilo (PVF), que é de cor branca. O PVF é produzido pela DuPont com o nome de Tedlar.

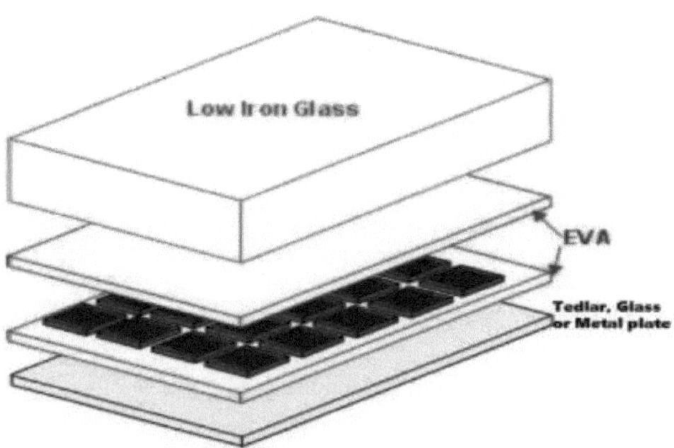

Fig. 2.5 Módulo fotovoltaico (combinação de vidro, encapsulante (EVA), células e tedlar)

Atualmente, de acordo com o material utilizado na parte traseira do módulo, existem basicamente 3 tipos de módulos fotovoltaicos:

a) **Módulo fotovoltaico de vidro para vidro:** A placa de vidro é utilizada na parte de trás do módulo. Este tipo de módulo fotovoltaico é geralmente utilizado sempre que é necessária uma transparência parcial ou total, por exemplo, na integração fotovoltaica de edifícios. O módulo fotovoltaico de vidro para vidro permite que as divisões sejam iluminadas com luz natural enquanto geram energia.

b) **Módulo fotovoltaico de vidro para tedlar:** Quando o tedlar é utilizado na parte de trás do módulo, este módulo é designado por módulo fotovoltaico de vidro para tedlar. O tedlar é utilizado por motivos relacionados com os custos. Este processo pode fornecer módulos fotovoltaicos hermeticamente fechados que podem funcionar em condições exteriores durante 20 a 30 anos sem degradação ambiental.

c) **Módulo fotovoltaico de vidro para metal:** Em vez de utilizar vidro ou tedlar na parte de trás do módulo fotovoltaico, podem também ser utilizadas chapas metálicas, o que dá pelo nome de módulo fotovoltaico de vidro para metal. Dado que a condutividade térmica do vidro e do tedlar é muito baixa, a transferência de calor da célula solar para a placa inferior é muito reduzida, o que resulta num aumento da temperatura das células. As placas de metal têm uma condutividade térmica comparativamente elevada, o que resulta numa melhor eficiência eléctrica do módulo.

2.4 CENÁRIO MUNDIAL NA PRODUÇÃO DE ENERGIA SOLAR

No final de 2009, o mundo tinha em funcionamento 23 GW de eletricidade fotovoltaica (PV), o equivalente a 15 centrais eléctricas a carvão. No final de 2010, este número deverá atingir mais de 35 GW. A energia solar pode e deve ser uma parte da solução para combater as alterações climáticas, ajudando-nos a mudar para uma economia verde. É também um sector industrial potencialmente próspero por direito próprio. Alguns indicadores do sector mostram até que ponto a energia fotovoltaica já chegou. [20]

O custo da produção de energia solar diminuiu cerca de 22% sempre que a capacidade de produção mundial duplicou, atingindo um custo médio de produção na União Europeia.

- A eficiência média dos módulos solares tem melhorado alguns pontos percentuais por ano. Os módulos de silício cristalino mais eficientes atingiram 19,5% em 2010, com um objetivo de 23% de eficiência até 2020, o que fará baixar ainda mais os preços. Este aumento da eficiência regista-se em todas as tecnologias fotovoltaicas.

- Mais de 1000 empresas estão envolvidas no fabrico da tecnologia estabelecida de silício cristalino e já mais de 30 produzem tecnologias de película fina.
- A energia paga devolve a eletricidade necessária para a sua produção em um a três anos. As tecnologias mais avançadas reduziram esse tempo para seis meses, consoante as geografias e a irradiação solar, enquanto a vida média dos módulos é superior a 25 anos.

A Associação Europeia da Indústria Fotovoltaica (EPIA) e a Greenpeace encomendaram uma modelização actualizada sobre a quantidade de energia solar que o mundo poderá razoavelmente ter até 2030. O modelo mostra que, com um cenário de mudança de paradigma para a energia solar, em que a capacidade técnica e comercial real é apoiada por uma forte vontade política, a energia fotovoltaica poderia fornecer:

- 688 GW até 2020 e 1.845 GW até 2030.
- Até 12% da procura de eletricidade nos países europeus até 2020 e em muitos países do cinturão do sol (incluindo a China e a Índia) até 2030. Cerca de 9% das necessidades mundiais de eletricidade em 2030.

2.5 ENERGIA FOTOVOLTAICA NA ÍNDIA

2.5.1 Crescimento histórico do mercado da energia solar na Índia

O Programa de Eletrificação Rural de 2006 foi o primeiro passo do Governo indiano no sentido de reconhecer a importância da energia solar. Este programa forneceu directrizes para a implementação de aplicações solares fora da rede. No entanto, nesta fase inicial, apenas 33,8MW (em 14-2-2012) de capacidade foram instalados através desta política. Esta incluía principalmente lanternas solares, bombas solares, sistemas de iluminação doméstica, sistemas de iluminação pública e sistemas solares domésticos. Em 2007, como passo seguinte, a Índia introduziu a política de semicondutores para incentivar as indústrias electrónicas e de TI.

O regime de incentivos com base na produção (Generation Based Incentive - GBI), anunciado em janeiro de 2008, foi o primeiro passo do governo para promover centrais de energia solar ligadas à rede. O regime definiu, pela primeira vez, uma tarifa de alimentação (FIT) para a energia solar (um máximo de Rs. 15/kWh). Uma vez que o custo de produção da energia solar rondava então os 18 rupias/kWh, a tarifa proposta era inviável. Além disso, ao abrigo do regime GBI, um promotor não podia instalar mais de 5 MW de energia solar na Índia, o que limitava os rendimentos de escala. Um dos principais inconvenientes do regime GBI foi o facto de não ter incorporado os serviços públicos estatais e o Governo no desenvolvimento do projeto, deixando por resolver problemas como a aquisição de terrenos e a disponibilidade da rede. Consequentemente, apesar do regime GBI, a capacidade instalada na Índia cresceu apenas marginalmente para 6 MW em 2009. Em junho de 2008, o governo indiano anunciou o Plano de Ação Nacional para as Alterações Climáticas (NAPCC). Uma parte desse plano era a Missão Solar Nacional (NSM). As directrizes da NSM indicavam que o governo tinha melhorado as deficiências do regime GBI. O seu objetivo era desenvolver uma indústria solar, orientada para o comércio e baseada numa forte indústria nacional. O custo adicional da produção de energia solar estava a ser suportado pelo governo federal ao abrigo do regime GBI.

2.5.2 Situação atual e capacidade instalada de energia solar na Índia

Até à data, a energia solar tem desempenhado um papel quase inexistente no cabaz energético indiano. A capacidade ligada à rede (totalmente fotovoltaica) na Índia é atualmente de 481,48

MW em 31 de janeiro de 2012. No entanto, o mercado deverá crescer significativamente nos próximos dez anos, impulsionado principalmente pelo aumento da procura de energia e dos preços dos combustíveis fósseis, pela ambiciosa Missão Solar Nacional (NSM), por várias iniciativas a nível estatal, por quotas de energias renováveis, incluindo quotas de energia solar para os serviços públicos, bem como pela queda dos custos internacionais da tecnologia.
Incentivar a expansão da produção de energia solar (tanto CSP como PV) e visar a paridade com a rede (atualmente em cerca de RS,5/kWh) até 2022 e a paridade com a produção de energia a carvão (atualmente em cerca de RS,4/kWh) até 2030, é um elemento-chave da estratégia global de aprovisionamento energético a longo prazo da Índia. Tendo em conta a insolação solar anual, a energia solar poderia, por conseguinte, satisfazer facilmente as necessidades energéticas da Índia a longo prazo. No entanto, tem de ser competitiva em termos de custos. Em dezembro de 2011, a produção de energia solar na Índia custava cerca de RS,10/kWh, ou seja, mais de 2,5 vezes mais do que a energia produzida a partir do carvão. É fundamental que a indústria receba o apoio político adequado para garantir que os projectos sejam executados e cumpram os requisitos.

2.5.3 Missão solar Jawaharlal Nehru:

A Missão Nacional Solar Jawaharlal Nehru tem por objetivo o desenvolvimento e a implantação de tecnologias de energia solar no país, a fim de alcançar a paridade com a tarifa de energia da rede até 2022. A Missão Solar Nacional é uma iniciativa importante do Governo da Índia e dos Governos Estaduais para promover um crescimento ecologicamente sustentável e, ao mesmo tempo, enfrentar o desafio da segurança energética da Índia. Constituirá também um contributo importante da Índia para o esforço global de resposta aos desafios das alterações climáticas. O objetivo da Missão Solar Nacional é estabelecer a Índia como líder mundial em energia solar, criando as condições políticas para a sua difusão em todo o país o mais rapidamente possível. O objetivo seria proteger o Governo da exposição a subsídios, caso a redução de custos prevista não se concretize ou seja mais rápida do que o esperado. O objetivo imediato da Missão é centrar-se na criação de um ambiente propício à penetração da tecnologia solar no país, tanto a nível centralizado como descentralizado. [21]
As principais características da Missão Solar Nacional são:

1. Tornar a Índia um líder mundial no domínio da energia solar e a missão prevê uma capacidade instalada de produção de energia solar de 20 000 MW até 2022, de 1 000 000 MW até 2030 e de 2 000 000 MW até 2050.
2. O investimento total previsto necessário para o período de 30 anos será de 85 000 a 105 000 milhões de rupias.
3. Entre 2017 e 2020, o objetivo é alcançar a paridade tarifária com a energia da rede convencional e atingir uma capacidade instalada de 20 gigawatts (GW) até 2020.
4. 4-5GW de capacidade instalada de produção de energia solar até 2017.

Segmento de aplicação	**Objetivo para a Fase I (2010-13)**	**Objetivo para a Fase II (2013-17)**	**Objetivo para a Fase III (2017-22)**
Colectores solares	7 milhões de m^2	15 milhões de m^2	20 milhões de m^2
Aplicação solar fora da rede	200 MW	1000MW	2000 MW
Energia da rede de serviços públicos, incluindo telhados	1000-2000MW	4000-10.000MW	20.000MW

Quadro 2.1 Objetivo do programa

2.5.4 Desafios e condicionalismos

a) Escassez de terras

A disponibilidade de terrenos per capita é um recurso escasso na Índia. A afetação de uma área de terreno para a instalação exclusiva de células solares poderá ter de competir com outras necessidades que exigem terra. A quantidade de terra necessária para as centrais de energia solar à escala dos serviços públicos - atualmente cerca de 1 km^2 por cada 20-60 megawatts (MW) gerados - pode representar uma pressão sobre os recursos terrestres disponíveis na Índia. A arquitetura mais adequada para a maior parte da Índia seria a de sistemas individuais de produção de energia em telhados altamente distribuídos, todos ligados através de uma rede local. No entanto, a construção de uma infraestrutura deste tipo, que não beneficia das economias de escala possíveis na instalação maciça de painéis solares à escala dos serviços públicos, exige que o preço de mercado da instalação da tecnologia solar diminua substancialmente, de modo a atrair o consumidor individual e familiar médio. Isso poderá ser possível no futuro, uma vez que se prevê que a energia fotovoltaica continue a reduzir os seus custos actuais nas próximas décadas e possa competir com os combustíveis fósseis.

b) Progresso lento

Embora o mundo tenha progredido substancialmente na produção de células fotovoltaicas monocristalinas de silício de base, a Índia ficou aquém da dinâmica mundial. A Índia ocupa atualmente o 7º lugar a nível mundial na produção de células solares fotovoltaicas (PV) e o 9º lugar nos sistemas solares térmicos, estando países como o Japão, a China e os EUA muito à frente. A nível mundial, a energia solar é a fonte de energia que regista o crescimento mais rápido (embora a partir de uma base muito pequena), com um crescimento médio anual de 35%, como se verificou nos últimos anos.

c) Potencial latente

Alguns grupos de reflexão de renome recomendam que a Índia adopte uma política de desenvolvimento da energia solar como componente dominante do cabaz de energias renováveis, uma vez que, sendo uma região densamente povoada na faixa tropical ensolarada, o subcontinente tem a combinação ideal de uma elevada insolação solar e de uma grande densidade de consumidores potenciais. Num dos cenários analisados, ao mesmo tempo que controla as suas emissões de carbono a longo prazo sem comprometer o seu potencial de crescimento económico, a Índia pode fazer dos recursos renováveis, como a energia solar, a espinha dorsal da sua economia até 2050.

d) Apoio governamental

O governo da Índia está a promover a utilização da energia solar através de várias estratégias. Na proposta de orçamento para 2010-11, o governo anunciou uma dotação de 10 mil milhões de rupias para a Missão Solar Nacional Jawaharlal Nehru e a criação de um Fundo para a Energia Limpa. Trata-se de um aumento de 3,8 mil milhões de rupias em relação ao orçamento anterior. O orçamento também incentivou as empresas privadas de energia solar, reduzindo em 5% os direitos aduaneiros sobre os painéis solares e isentando os impostos especiais de consumo sobre os painéis solares fotovoltaicos. Espera-se que esta medida reduza a instalação de painéis solares nos telhados em 15 a 20%. [22]

2.6 EVOLUÇÃO HISTÓRICA DOS COLECTORES SOLARES PVT.

Jin-Hee Kim et al [23] estudaram um coletor de ar FV com um módulo FV monocristalino e realizaram várias experiências para avaliar o seu desempenho elétrico e térmico num ambiente exterior. A partir dos resultados experimentais, verificou-se que o ar aquecido do coletor FV baseado no ar tinha, em média, uma temperatura aproximadamente 5 °C mais elevada do que o ar exterior. Os resultados experimentais indicaram que as eficiências térmica e eléctrica do coletor PVT eram, em média, de 22% e cerca de 15%, respetivamente.

Sopian et al [24] desenvolveram modelos analíticos para prever o desempenho de colectores solares PVT de passagem única e de dupla passagem. Verificaram que a melhoria do desempenho de um coletor solar térmico fotovoltaico de dupla passagem em relação ao de passagem simples pode ser atribuída ao arrefecimento produtivo das células fotovoltaicas e à redução da temperatura da cobertura de vidro. Deste modo, obtém-se uma maior eficiência das células fotovoltaicas. Assim, o coletor solar híbrido de dupla passagem pode produzir mais calor e, ao mesmo tempo, ter um efeito de arrefecimento produtivo nas células fotovoltaicas.

Sopian et al [25] realizaram estudos teóricos e experimentais sobre o coletor solar térmico fotovoltaico de dupla passagem, tendo concluído que os avanços nos métodos de produção de células fotovoltaicas reduzirão o seu custo inicial e, consequentemente, aumentarão a procura. Nestas condições favoráveis, a utilização de colectores fotovoltaicos seria ideal para uma grande variedade de aplicações, como sistemas de secagem solar e mesmo como módulos fotovoltaicos integrados em edifícios (BIPV).

T. Fujisawa e T. Tani [26] propuseram a teoria da exergia para reduzir a dificuldade de comparação qualitativa durante a utilização simultânea de energia térmica e eléctrica. Descobriram que o melhor desempenho para produzir ganhos de energia foi alcançado por um coletor PV/T com cobertura única, que produziu 614 kW h/ano, seguido de um FPC que produziu 575 kW h/ano, e um PV/T sem cobertura que produziu 480 kW h/ano. O pior desempenho foi registado por um módulo FV que produziu 72,6 kW h/ano. A energia disponível do ganho de energia térmica foi de 1,0% no coletor PV/T com cobertura simples, 0,6% no coletor PV/T sem cobertura e 1,0% no FPC. Utilizando a avaliação da energia disponível, concluíram que o melhor desempenho da energia disponível foi o do coletor FV/T sem cobertura, com 80,8 kW h/ano, o segundo foi o do módulo FV, com 72,6 kW h/ano, o terceiro foi o do coletor FV/T com cobertura simples, com 71,5 kW h/ano, e o pior foi o do FPC, com 6,0 kW h/ano.

R. Zakharchenko et al. [27] demonstraram que os PVP comerciais, regra geral, não podiam proporcionar um bom contacto térmico com o coletor de calor devido à fraca condutividade térmica do material do substrato do painel. Fizeram um protótipo do painel optimizado para o sistema híbrido PV/térmico, utilizando o substrato metálico coberto com uma fina camada isolante. O protótipo do painel feito provou servir este propósito, dando um arrefecimento eficiente do PVP pelo coletor e demonstrando o aumento de 10% da potência gerada pelo painel devido ao seu contacto térmico com o coletor no sistema híbrido.

Mohd.Y.Hj. Othman et al. [28] desenvolveram um modelo em estado estacionário de um coletor FV/T com CPC e alhetas e previram o desempenho térmico e elétrico do sistema. Verificaram que a produção de eletricidade no módulo híbrido FV/T diminui com o aumento da temperatura do fluxo de ar.

G. Vokas et al. [29] demonstraram que a interferência do laminado fotovoltaico não tem grande influência na redução da eficiência térmica do coletor térmico FV. Eles calcularam e concluíram que o coletor FV/T tem uma eficiência 9% inferior à do coletor solar convencional.

P.G. Charalambous et al. [30] o desempenho térmico de um coletor FV/T sem cobertura é reduzido, especialmente a altas temperaturas, devido às perdas de calor a partir do topo. No entanto, os colectores FV/T sem cobertura têm um melhor desempenho elétrico. Verificou-se que o caudal ótimo do coletor FV/T se situa entre 0,001 e 0,008 kg/s m2 , tendo sido também registado um valor de 0,015 kg/s m2 .

A.S. Joshi e A. Tiwari [31] fizeram uma tentativa de avaliar a análise exergética de um coletor de ar híbrido fotovoltaico-térmico (PV/T) de placas paralelas para as condições climáticas frias da Índia (Srinagar). Com base na presente análise, concluíram que existe um aumento de cerca de 2-3% de exergia devido à energia térmica, para além dos 12% de produção de eletricidade do sistema FV/T, o que resulta numa eficiência eléctrica global de cerca de 14-15% do sistema FV/T.

M. Yusof Othman et al. [32] descreveram o modelo construído e o princípio de conceção do sistema FV/T e estudaram o aquecedor de ar solar híbrido fotovoltaico-térmico, teórica e experimentalmente. Chegaram à conclusão de que é importante utilizar alhetas como parte integrante da superfície absorvente para obter eficiências significativas para a produção térmica e eléctrica do aquecedor de ar solar híbrido FV/T.

E. Erdil et al. [33] concluíram que a absorção/reflexão parcial da insolação pela cobertura de vidro e a massa de água em circulação conduzem a uma perda de energia eléctrica de cerca de 11,5% apenas nos módulos FV modificados (1,2 m2). Assim, a perda de energia eléctrica num sistema construído para suprir as necessidades totais de energia eléctrica (7 kWh/dia com 10m2 PV) de um agregado familiar típico no norte de Chipre será inferior a 1%.

B. Jiang et al. [34] propuseram uma nova parede fotovoltaica-Trombe (PV-TW) e concluíram que a eficiência eléctrica das células fotovoltaicas diminui quando o rácio de cobertura aumenta. No entanto, no inverno, a temperatura ambiente é bastante baixa, pelo que a influência do rácio de cobertura na eficiência eléctrica é reduzida, inferior a 0,5%. À medida que o rácio de cobertura aumenta, o rendimento elétrico dos vidros FV aumenta, a temperatura do ar na conduta de ar e a temperatura interior diminuem.

T.T Chow et al. [35]. Com base em modelos numéricos validados por dados experimentais, avaliaram a utilização de cobertura de vidro em sistemas de colectores PV/T do tipo termossifão do ponto de vista termodinâmico. Verificaram que a eficiência energética do coletor envidraçado é sempre superior à do coletor não envidraçado. Isto aplica-se a todos os casos examinados no âmbito do estudo para os seis parâmetros de funcionamento, nomeadamente, a eficiência das células, o fator de empacotamento, a relação entre a massa de água e a área do coletor, a radiação solar, a temperatura ambiente e a velocidade do vento. Assim, se a conceção do sistema tiver como objetivo a aquisição de uma maior proporção de energia térmica ou de uma maior produção global de energia em "quantidade", o sistema envidraçado pode ser a melhor escolha. No entanto, também concluíram que a eficiência exegética do sistema não envidraçado foi considerada melhor do que a do sistema envidraçado em determinadas gamas dos parâmetros acima referidos.

A.S. Joshi et al. [36] estudaram e avaliaram o desempenho do sistema híbrido fotovoltaico térmico (PV/T) de colectores de ar. Para efeitos de comparação, consideraram dois tipos de módulos fotovoltaicos (FV), nomeadamente módulos FV com vidro a colar e vidro a vidro. A partir do seu estudo, concluíram que a temperatura da superfície posterior é mais elevada no coletor de ar PV/T vidro-vidro do que no coletor de ar PV/T vidro-tedra e que o coletor de ar PV/T vidro-vidro dá melhores resultados em termos de eficiência térmica do que o coletor de ar PV/T vidro-tedra. A eficiência térmica global do coletor de ar FV/T vidro-vidro é superior à do coletor de ar FV/T vidro-tedra.

F. Sarhaddi et. al. [37] fizeram uma tentativa de investigar o desempenho térmico e elétrico de um coletor de ar solar fotovoltaico térmico (PV/T). Desenvolveram um modelo térmico e elétrico detalhado para calcular os parâmetros térmicos e eléctricos de um coletor de ar FV/T típico. Os parâmetros térmicos e eléctricos de um coletor de ar FV/T incluem a temperatura da célula solar, a temperatura da superfície posterior, a temperatura do ar de saída, a tensão de circuito aberto, a corrente de curto-circuito, a tensão do ponto de potência máxima, a corrente do ponto de potência máxima, etc. Concluíram que, quando a temperatura do ar de entrada, a velocidade do vento ou o comprimento da conduta aumentam, a eficiência energética global e a eficiência térmica de um coletor de ar FV/T diminuem, enquanto a velocidade do ar de entrada aumenta, a eficiência energética global e a eficiência térmica de um coletor de ar FV/T aumentam e, ao aumentar a intensidade da radiação solar, a eficiência energética global e a eficiência eléctrica de um coletor de ar FV/T aumentam inicialmente e depois diminuem após atingirem uma intensidade de radiação solar de cerca de um ponto máximo.

B. Agrawal e G.N. Tiwari [38] formularam um modelo matemático para um módulo fotovoltaico de placa plana e avaliaram a análise de desempenho de um sistema BIPVT. Concluíram que, para um caudal mássico constante de ar, a combinação em série é mais adequada para os edifícios equipados com sistemas BIPVT no telhado. O sistema produz uma exergia eléctrica e térmica anual de 16.209 kW h e 1531 kW h com uma eficiência térmica global média de 53,7%. A produção líquida de exergia é até 975 kW h superior a qualquer outra combinação de sistemas BIPVT e até 2713 kWh superior a um sistema BIPV. É concluíram ainda que, para uma velocidade constante do caudal de ar, a combinação paralela proporciona uma eficiência térmica global de 50%, que é superior à de quaisquer outras combinações.

2.7 RESUMO DO SISTEMA SELECCIONADO PARA O TRABALHO ACTUAL

Segue-se o resumo do sistema PVT selecionado para o presente trabalho. Seleccionámos um sistema térmico fotovoltaico com:

- Tampa de vidro simples
- Módulo fotovoltaico de silício monocristalino com vidro para metal
- Coletor de ar de passagem única
- As aletas longitudinais rectangulares foram fixadas na parte inferior da placa metálica.

Para efeitos de envidraçamento, é utilizado vidro com baixo teor de ferro, temperado e texturado, uma vez que o vidro com baixo teor de ferro tem uma maior transmissividade (superior a 90% para a maioria dos espectros solares).

A placa de aço com alhetas fixadas na parte inferior é utilizada como placa absorvente. As alhetas são fixadas para aumentar o coeficiente efetivo de transferência de calor entre a placa absorvente e o ar que circula na conduta.

CAPÍTULO-3

MEDIÇÃO DA ENERGIA SOLAR RADIAÇÃO NO SISTEMA

3.1 ENERGIA SOLAR SUSTENTÁVEL

A realização de investigação para a produção de energia limpa nem sempre foi a paixão dos cientistas ou o objetivo dos decisores políticos. A investigação de uma nova fonte de energia só ganhou ímpeto na década de 1970, após a crise do petróleo, quando o preço da energia sob a forma de combustíveis fósseis aumentou drasticamente e se fez sentir a insegurança energética. A crise do petróleo levou a uma consciencialização geral do público para a limitação dos combustíveis fósseis. Muitos governos, incluindo os dos EUA, Japão e vários países europeus, começaram a procurar ambiciosamente as fontes de energia renováveis. Para além das limitações fundamentais dos combustíveis fósseis, as considerações ecológicas ligadas à produção de gases com efeito de estufa e ao aquecimento global são outras forças motrizes da promoção das fontes de energia renováveis. A dependência excessiva das importações de petróleo, a instabilidade dos preços da energia, a má qualidade do ar, os elevados níveis de risco financeiro e a incerteza são outros factores que dissuadem a utilização das fontes de energia convencionais.

A escolha óbvia de uma fonte de energia limpa, abundante e suscetível de proporcionar segurança para o desenvolvimento e crescimento futuros é a energia do Sol. Para além da luz solar e do aquecimento solar, a energia do Sol também está disponível indiretamente sob a forma de biomassa, energia eólica e energia hidroelétrica, com muitas vantagens sobre as fontes de energia convencionais. [18]

3.1.1 Energia solar: Vantagens

Seguem-se as vantagens da utilização da energia solar:

- É uma fonte de energia perene e renovável.
- É uma fonte de energia limpa, sem danos potenciais para o ambiente.
- É uma fonte de energia muito grande. A energia do Sol interceptada pela Terra é de cerca de $1,8 \times 10^{11}$ MW, o que é muitos milhares de vezes superior ao nosso atual consumo de energia de todas as fontes.
- Além disso, a energia solar é gratuita, não causa poluição e está disponível para todos de forma bastante igual, ao contrário das fontes de combustível fóssil, que estão concentradas em alguns locais. Este facto permite que um indivíduo possa gerar a sua própria energia, em função das suas necessidades, no local que escolher.
- O carácter modular da tecnologia permite uma implementação gradual e é mais fácil de financiar.

3.1.2 Energia solar: Desafios da conversão

Os efeitos negativos das fontes de energia convencionais podem ser ultrapassados através da utilização da energia solar com vantagens adicionais, mas há desafios significativos a ultrapassar para utilizar a energia limpa. Estes são os seguintes: [18]

a) Custo da energia: As fontes de energia convencionais sempre foram a forma mais rentável de fornecer a grande quantidade de eletricidade necessária à vida moderna. Produzir eletricidade a partir de recursos renováveis como o vento e a biomassa é simplesmente mais caro. A tecnologia verde não possui as infra-estruturas que os combustíveis fósseis desenvolveram ao longo dos anos, o que torna mais caro o custo inicial da construção de instalações de energia verde. Por conseguinte, é necessário desenvolver tecnologias de conversão de energia económicas.

b) Flutuações de energia: As empresas de serviços públicos podem facilmente armazenar carvão para satisfazer a procura de eletricidade em constante mudança, especialmente durante as horas de maior procura. A maioria das fontes de energia renováveis não pode ser armazenada para utilização futura; a quantidade de eletricidade produzida depende da velocidade instantânea do vento ou da iluminação solar. Por conseguinte, é necessário um mecanismo de armazenamento eficaz da energia e de recuperação eficiente.

c) Dependência da localização: As centrais eléctricas alimentadas a combustíveis fósseis podem ser instaladas em quase todo o lado, desde que os caminhos-de-ferro ou as condutas cheguem ao local. Em contrapartida, as áreas onde a energia verde, como a eólica e a hidroelétrica, pode ser utilizada são limitadas.

d) Enorme necessidade de investimento: Existe também uma resistência à mudança causada pela magnitude do investimento na infraestrutura energética existente e pelo custo assustador da criação de uma nova infraestrutura. O aspeto energético do nosso sistema energético foi optimizado ao longo dos últimos 100 anos de desenvolvimento industrial para se adaptar ao sistema energético existente. Os activos energéticos são tipicamente de capital intensivo e têm uma vida útil longa.

3.2 RADIAÇÃO SOLAR

O Sol é uma grande esfera de gases muito quentes; o calor é gerado por vários tipos de reacções de fusão. O seu diâmetro é de 1,39 X 10^6 km, enquanto o da Terra é de 1,27 X 10^4 km.

Apesar de o Sol ser muito grande, à superfície da Terra forma um ângulo de apenas 32 minutos, porque está a uma distância muito grande. Por conseguinte, o feixe de radiação recebido do Sol na Terra é quase paralelo.

A constante solar I_{EC} é a taxa a que a energia é recebida do sol numa unidade de área perpendicular aos raios do sol.

A Terra gira em torno do Sol numa órbita elíptica com uma excentricidade muito pequena, a distância entre a Terra e o Sol varia um pouco ao longo do ano. Devido a esta variação, o fluxo extra-terrestre também varia. O valor em qualquer dia pode ser calculado a partir da equação. [39]

$$I'_{sc} = I_{sc}\left(1 + 0.033\cos\frac{360n}{365}\right) \quad (3.1)$$

Em que: n = Dia do ano.

I_{BC} = Constante solar (pode ser tomada 1367^/m $)^2$

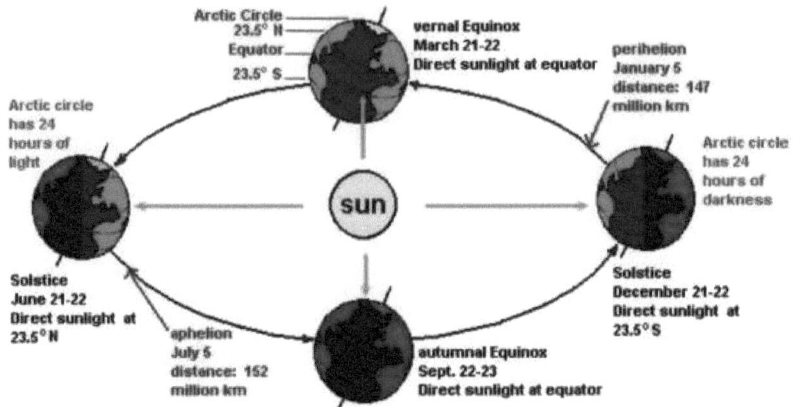

Fig. 3.1 Geometria Terra-Sol

3.2.1 Radiação solar na superfície da Terra

A superfície terrestre recebe a radiação solar de forma atenuada, pois esta é sujeita a mecanismos de absorção e dispersão à medida que atravessa a atmosfera terrestre [Fig. 3.2]. A absorção ocorre principalmente devido à presença da camada de ozono e do vapor de água na atmosfera e, em menor grau, devido a outros gases (como CO_2, NO_2, CO, O_2, CH_4) e partículas. O resultado é um aumento da energia interna da atmosfera. Os tipos de radiação solar disponíveis na superfície da Terra são os seguintes:

1. Radiação de feixe

A radiação solar recebida à superfície da Terra sem mudança de direção, ou seja, em linha com o Sol, é designada por feixe ou radiação direta, denotada por I_b. A razão entre o fluxo que incide na superfície inclinada e o fluxo que incide na superfície horizontal é designada por fator de inclinação. O valor do fator de inclinação para a radiação do feixe "r_b" é dado por

$$r_b = \frac{\cos\theta}{\cos\theta_z} = \frac{\sin\delta\sin(\Phi-\beta)+\cos\delta\cos\omega\cos(\Phi-\beta)}{\sin\Phi\sin\delta+\cos\Phi\cos\delta\cos\omega} \quad (3.2)$$

2 Radiação difusa

A radiação recebida à superfície da Terra, proveniente de todas as partes do hemisfério do céu, depois de ter sido sujeita a dispersão na atmosfera, é designada por radiação difusa, denotada por I_d.

O fator de inclinação para a radiação difusa r_d é dado por

$$r_d = \frac{1+\cos\beta}{2} \quad (3.3)$$

O valor do fator de inclinação depende da distribuição da radiação difusa no céu e da parte da cúpula do céu vista pela superfície inclinada. Assumindo que o céu é uma fonte isotrópica de radiação difusa, temos, para uma superfície inclinada com um declive B.

Radiação reflectida

Uma vez que (1+cose)/2 é o fator de forma da radiação para uma superfície inclinada em relação ao céu. Segue-se que (1-cose)/2 é o fator de forma da radiação para a superfície em relação ao solo circundante, assumindo que a reflexão do feixe e a radiação difusa que incide no solo são difusas e isotrópicas e que a refletividade é p. O fator de inclinação da radiação reflectida é dado por

$$r_r = \rho\left(\frac{1-\cos\beta}{2}\right) \quad (3.4)$$

4. Radiação global

A soma do feixe, da radiação difusa e da radiação reflectida é designada por radiação total ou global. numa superfície a medição total da radiação solar numa superfície horizontal Irradiância a taxa à qual a energia radiante incide numa superfície por unidade de área da superfície com os subscritos apropriados para feixe, radiação difusa e global, é denotada por I_g.

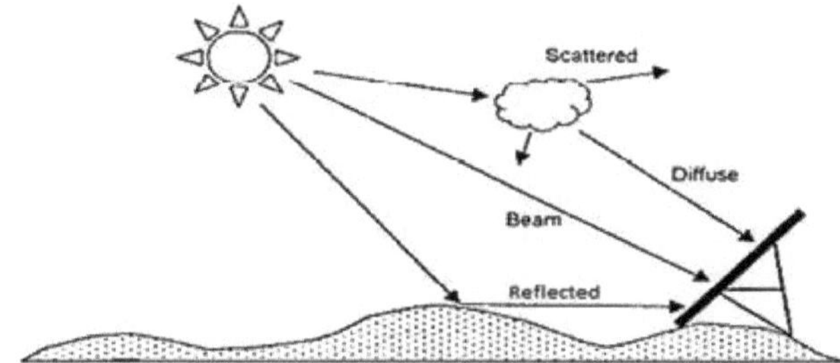

Fig.3.2 Feixe, Radiação Difusa e Reflectida

3.2.2 Geometria da radiação solar

Para encontrar a energia do feixe que incide sobre uma superfície com qualquer orientação, é necessário converter o valor do fluxo do feixe proveniente da direção do sol num valor equivalente correspondente à direção normal à superfície.

Se o é o ângulo entre um feixe incidente de fluxo I^n e a normal ao plano de superfície, então o fluxo equivalente que cai normal à superfície é dado porI_{bn} *cos9.*

a) Latitude (Φ): Ângulo formado pela linha radial que une o local ao centro da Terra, com a projeção da linha no plano equatorial.

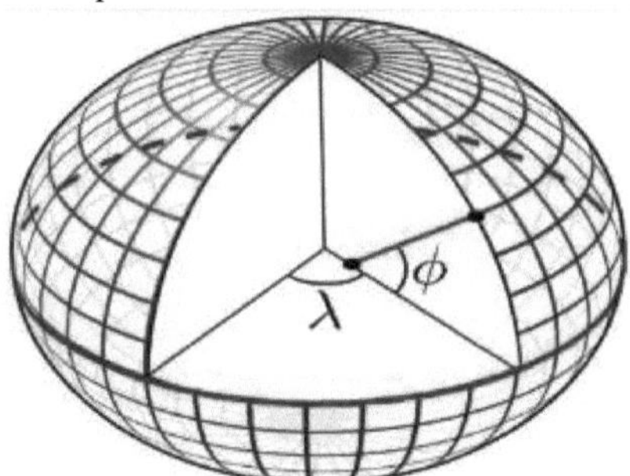

Fig.3.3 Latitude de um ponto qualquer da superfície terrestre

b) Declinação (6): Ângulo formado pela linha que une o centro do Sol e a Terra, com a sua projeção no plano equatorial.

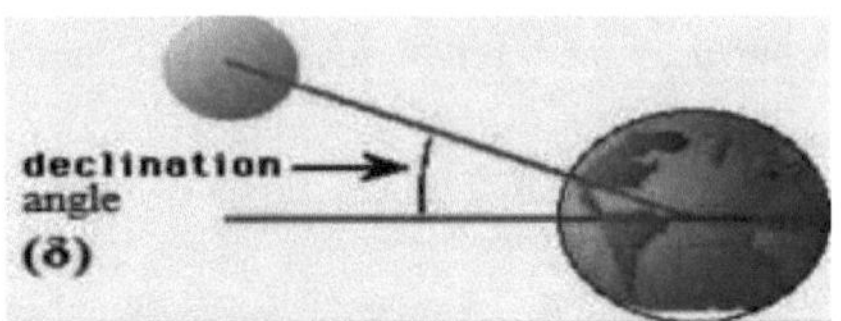

Fig.3.4 Ângulo de declinação entre a Terra e o Sol

Para efeitos de cálculo, são adoptadas as seguintes convenções.

- Máximo. +23,45° em 21 de junhost .
- Mínimo. -23.45° em 21 de dezembrost .
- Zero nos dois equinócios de 21 de marçost e 22 de setembrond .

$$\delta(\text{in degrees}) = 23.45 \sin\left[\frac{360}{365}(284+n)\right] \quad (3.5)$$

Onde:
n = Dia do ano.

c) **Ângulo azimutal da superfície (γ):** Ângulo feito no plano horizontal entre a linha devida ao sul e a projeção da normal à superfície do plano horizontal.

- Varia de -180° a +180°.
- Positivo se a normal estiver a leste do sul.
- Negativo se a normal estiver a oeste do sul.

d) **Ângulo horário (ω):** Medida angular do tempo, ou seja, 15° por hora.

São adoptadas as seguintes convenções para o ângulo horário para o medir a partir do meio-dia com base na hora local aparente (LAT).

- Varia de -180° a +180°.
- Positivo pela manhã.
- Negativo à tarde.

e) **Inclinação (β): O ângulo que** a superfície do plano faz com a horizontal. O ângulo de inclinação varia de 0 a 180 °.

$$\cos\theta = \sin\Phi(\sin\delta\cos\beta + \cos\delta.\cos\gamma.\cos\omega.\sin\beta) + \cos\Phi(\cos\delta.\cos\omega.\cos\beta - \sin\delta.\sin\omega.\sin\beta) + \cos\delta.\sin\gamma.\sin\omega.\sin\beta$$

(3.6)

Para superfícies verticais $\beta = 90°$

$$\cos\theta = (\sin\Phi.\cos\delta.\cos\gamma.\cos\omega) - (\cos\Phi.\sin\delta.\cos\omega) + (\cos\delta.\sin\gamma.\sin\omega) \quad (3.7)$$

Para superfície horizontal $\beta = 0°$

$$\cos\theta = \sin\Phi.\sin\delta + \cos\Phi.\cos\delta.\cos\omega \quad (3.8)$$

f) Ângulo zenital (θ_z): :Quando a superfície é horizontal, ou seja, $\beta = 0°$, então **0** neste caso é o ângulo zenital θ_z . É o ângulo formado pelo raio de sol com a normal à superfície horizontal.

Complemento do ângulo zenital θ_z , ou seja, $90 - \theta_z = \alpha_a$ ‹ chamado ângulo de altitude solar.

Para a superfície virada para sul, o ângulo azimutal da superfície é zero, ou seja $\gamma=0°$

$$\cos\theta = \sin\Phi(\sin\delta.\cos\beta + \cos\delta.\cos\omega.\sin\beta) + \cos\Phi(\cos\delta.\cos\omega.\cos\beta - \sin\delta.\sin\beta)$$

$$= \sin\delta.\sin(\Phi - \beta) + \cos\delta.\cos\omega.\cos(\Phi - \beta)$$

Para superfícies verticais viradas para sul, ou seja $\beta=90°$, $\gamma=0°$

$$\cos\theta = \sin\Phi.\cos\delta.\cos\omega - \cos\Phi.\sin\delta \quad (3.9)$$

g) Ângulo azimutal solar Ys: O ângulo feito no plano horizontal entre a linha devida ao sul e a projeção da linha de visão do sol no plano horizontal.

O ângulo de incidência θ também pode ser expresso em termos de θ z o ângulo zenital, β o inclinação, γ o ângulo azimutal da superfície e γs o ângulo azimutal solar.

$$\cos\theta = \cos\theta_z.\cos\beta + \sin\theta_z.\sin\beta.\cos(\gamma_s - \gamma) \quad (3.10)$$

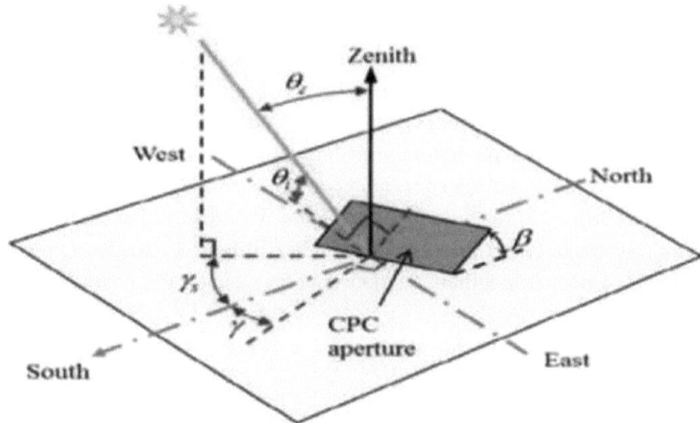

Fig.3.5 Diagrama que ilustra a latitude, a declinação, o azimute e a inclinação

3.2.3 Fluxo solar numa superfície inclinada

O fluxo IT numa superfície inclinada em qualquer instante é assim dado por

$$I_T = I_b r_b + I_d r_d + (I_b + I_d) r_r \quad (3.11)$$

3.3 MEDIÇÃO DA RADIAÇÃO SOLAR

Piranómetro

Os piranómetros são instrumentos de banda larga que medem a irradiância solar global proveniente de um ângulo sólido 2n numa superfície plana. Um piranómetro pode também ser utilizado para medir a irradiância solar global difusa, desde que a contribuição da componente de feixe direto seja eliminada. Para isso, pode ser montado um pequeno disco de sombreamento num seguidor solar automatizado para garantir que o piranómetro esteja continuamente sombreado. Em alternativa, um anel de sombra pode impedir que a componente direta da radiação global atinja o sensor durante todo o dia, uma vez que o ângulo máximo diário de elevação do Sol muda de dia para dia, sendo necessário alterar periodicamente (com um desfasamento de dias) a altura do anel de sombra.

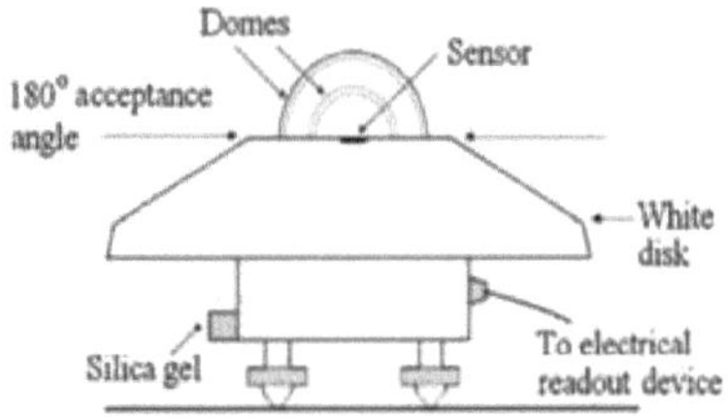

Fig.3.6. Esquema do piranómetro.

Pireliómetro

O pireliómetro é um instrumento de banda larga que mede a componente Gn do feixe direto da radiação solar. Consequentemente, o instrumento deve estar permanentemente apontado para o Sol. Um mecanismo de dois eixos de seguimento do Sol é mais frequentemente utilizado para este fim. O detetor é uma termopilha de junção múltipla colocada no fundo de um tubo de colimação com uma janela de quartzo para proteger o instrumento. O detetor é revestido com tinta preta ótica (actuando como um absorvente total da energia solar na gama de comprimentos de onda 0,280-3 pm). A sua temperatura é compensada para minimizar a sensibilidade às flutuações da temperatura ambiente. O ângulo de abertura do pireliómetro é de 5°C. Consequentemente, a radiação é recebida do Sol e de uma região circunsolar limitada, mas toda a radiação difusa do resto do céu é excluída. Um dispositivo de leitura é utilizado para dar o valor instantâneo da irradiância do feixe direto. A sua escala é adaptada à sensibilidade do instrumento específico, de modo a apresentar o valor em unidades SI, W/m^2 .

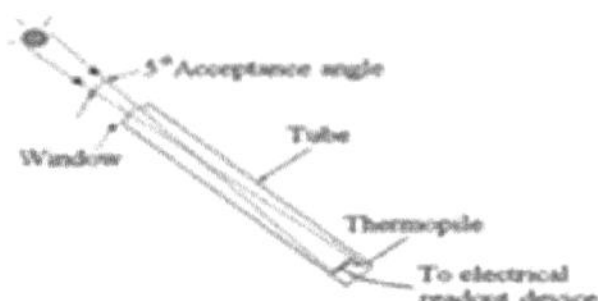

Fig.3.7. Esquema do Pireliómetro

3.4 RADIAÇÃO SOLAR PARA O PRESENTE TRABALHO

Os dados relativos à radiação global e à radiação difusa são obtidos do Departamento Metrológico Indiano (IMD) de Pune, Índia, para Nova Deli, para os últimos 11 anos. Com base nos dados de radiação obtidos, os dias do ano são classificados em quatro condições meteorológicas diferentes a, b, c e d, em termos de número de horas de sol e de rácio entre a radiação difusa diária e a radiação global diária, descritas a seguir:

a) Dia claro (céu azul): O rácio entre a radiação difusa diária e a radiação global diária é inferior ou igual a 0,25 e o número de horas de sol é superior ou igual a 9 h.

b) Dia nublado (totalmente): O rácio entre a radiação difusa diária e a radiação global diária entre 0,25 e 0,50 e o número de horas de sol entre 7 e 9 h.

c) Nublado e encoberto (parcialmente): O rácio entre a radiação difusa diária e a radiação global diária situa-se entre 0,5 e 0,75 e o número de horas de sol entre 5 e 7 horas.

d) Dia nublado (totalmente): O rácio entre a radiação difusa diária e a radiação global diária é superior ou igual a 0,75 e o número de horas de sol é inferior ou igual a 5 h.

Os valores médios da radiação global e difusa na superfície horizontal para cada caso e mês são apresentados em e foram utilizados para avaliar a nebulosidade/perigosidade e as transmitâncias atmosféricas.

CAPÍTULO-4

MODELAÇÃO TÉRMICA E SIMULAÇÃO CFD

4.1 DESCRIÇÃO DO SISTEMA

O coletor é coberto com uma cobertura de vidro de 5 mm de espessura e tem uma área efectiva de placa absorvente de 1200 mm de comprimento e 504 mm de largura. As alhetas longitudinais rectangulares são fixadas na parte inferior da placa absorvente com 25 mm de altura, 24 mm de inclinação e 3 mm de espessura. As várias dimensões podem ser escolhidas a partir da equação de Dittus-Boelter, ou seja, $(L-L_f)/(W-\delta_f)$ é inferior a 1. A placa de aço é utilizada como absorvente e as alhetas também são de aço. As células fotovoltaicas são fixadas na placa de aço e depois envidraçadas por uma cobertura. O isolamento inferior é feito de madeira e está perfeitamente isolado. O módulo fotovoltaico de vidro-aço é construído a partir de células de silício amorfo encapsuladas entre uma camada protetora transparente e um suporte à prova de humidade. As características mecânicas das células de silício amorfo são as seguintes As características eléctricas do módulo FV são a potência máxima - 10^5 kW, a corrente de circuito aberto - 140,6 V, a eficiência do módulo - 7,1%, a corrente de curto-circuito - 1,16 A. Normalmente, utiliza-se uma disposição paralela em série para ligar os módulos FV de modo a fornecer a tensão e a corrente desejadas. O sistema PVT é composto por uma série de painéis fotovoltaicos, um banco de baterias, um inversor e um controlador diferencial.

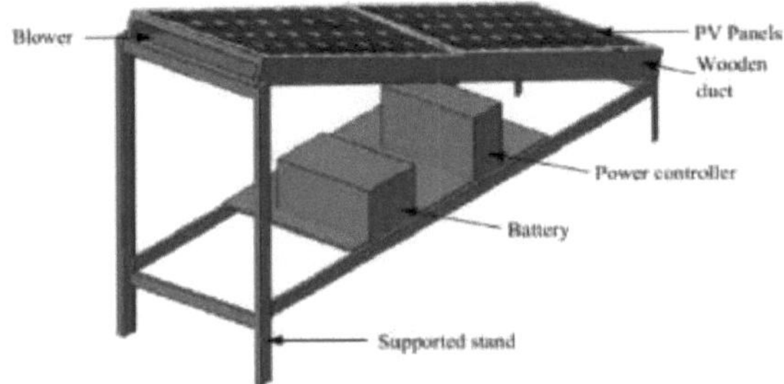

Fig.4.1 Coletor PVT de vidro para aço

4.2 MODELAÇÃO TÉRMICA

Para escrever a equação do balanço de energia para cada componente do sistema PVT, as suposições são feitas da seguinte forma [38]:

- O sistema está em estado quase estacionário.
- O calor específico do ar mantém-se constante. Não se altera com o aumento da temperatura do ar.
- A transmissividade do EVA é de aproximadamente 100%.
- As temperaturas da cobertura de vidro, das células solares, do tedlar, da conduta e do isolamento variam apenas na direção do fluxo de ar.
- As perdas laterais do sistema são negligenciáveis.
- O caudal de ar através da conduta é uniforme para o modo de funcionamento forçado do

caudal aerodinâmico.

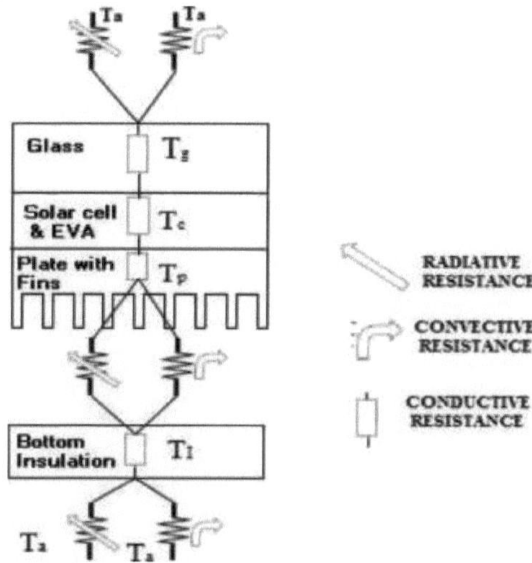

Fig.4.2 Diagrama de resistência térmica do coletor de ar PVT com alhetas na placa

4.2.1 Equação do balanço energético

Para células fotovoltaicas:

$$\begin{bmatrix} Solar\ energy\ available \\ on\ PV\ module \end{bmatrix} = \begin{bmatrix} Overall\ heat\ loss\ from \\ top\ surface\ of\ cell \\ to\ ambient \end{bmatrix} + \begin{bmatrix} Overall\ heat\ transfer \\ from\ cell\ to\ back\ side \\ of\ metal\ plate \end{bmatrix}$$

$$+ \begin{bmatrix} Electrical\ energy \\ produced \end{bmatrix}$$

$$\tau_g[\alpha_c\beta_c + \alpha_p(1-\beta_c)]I(t)L2.dx = [U_T(T_c - T_a) + h_p(T_c - T_p)]L2.dx + \eta\beta_c I(t)L2.dx$$

A partir desta equação, a temperatura da célula solar Tc é dada por:

$$T_c = \frac{U_T T_a + h_p T_p + I(t)(\tau\alpha)_{eff}}{U_T + h_p} \qquad (4.1)$$

UT é o coeficiente de perdas no topo e é dado por $U_T = \left(\frac{\delta_G}{K_G} + \frac{1}{h_o}\right)^{-1}$ and h_o - 5.7+ (3.8 × V_∞) [1]

Para a superfície posterior da placa:

$$\begin{bmatrix} Heat\ gain\ by \\ absorber\ plate \end{bmatrix} = [Heat\ loss\ to\ air]$$

$$h_p(T_c - T_p) = h_{air}(T_p - T_{air}) + h_{air}\left(\frac{2L_1L_f\eta_f}{L_1L_2}\right)(T_p - T_{air})$$

$$h_p(T_c - T_p) = h_{air}\left(1 + \frac{2L_f\eta_f}{L_2}\right)(T_p - T_{air})$$

$$h_p(T_c - T_p) = h_e(T_p - T_{air}) \quad \textbf{(4.2)}$$

Em que hp é o coeficiente de transferência de calor por condução da placa absorvente e é dado por
por

$h_p = \left(\frac{\delta_p}{K_p}\right)^{-1}$ E ele é o coeficiente efetivo de transferência de calor entre a placa absorvente e ar na conduta dada por $h_e = h_{air}\left(1 + \frac{2L_f\eta_f}{L_2}\right)$, $h_{air} = 2.7 + (3.8 \times V_{air})$.

A partir da equação, a expressão da temperatura da placa absorvente.

$$T_p = \frac{h_e T_{air} + U_{pT} T_a + h_{pl} I(t)(\tau\alpha)_{eff}}{U_{pT} + h_e} \quad \textbf{(4.3)}$$

Onde

$$U_{pT} = \left(\frac{1}{h_p} + \frac{1}{U_T}\right)^{-1} \text{And } h_{pl} = \left(\frac{h_p}{U_T + h_p}\right)$$

Para o ar que circula por baixo da placa absorvente:

$$\left(\frac{dT_{air}}{dx}\right) + \frac{L_2U_L}{\dot{m}_{air}C_{air}}T_{air} = \frac{L_2U_L}{\dot{m}_{air}C_{air}}\left[U_{bb}T_a + U_{tair}T_a + h_{p2}h_{p1}I(t)(\tau\alpha)_{eff}\right] \quad \textbf{(4.4)}$$

Ao integrar a equação 4.4 com condições de fronteira em $x = 0$, $T_{air} = T_a$ and at $x = L_1$, $T_{air} = T_{outlet}$.

Obtemos

$$T_{outlet} = \left[\frac{U_{bb}T_a + U_{tair}T_a + h_{p2}h_{p1}I(t)(\tau\alpha)_{eff}}{U_L}\right]\left(1 - e^{-\frac{L_2U_L}{\dot{m}C_{air}} \times L_1}\right) +$$

$$T_a \cdot e^{-\frac{L_2U_L}{\dot{m}C_{air}} \times L_1}$$

(4.5)

Onde

U_{tair} é o coeficiente de transferência de calor entre o ar e o isolamento na parte inferior e é dado por $U_{tair} = \left(\frac{1}{h_e} + \frac{1}{U_{pT}}\right)^{-1}$ e U_{bb} é o coeficiente de perda na parte inferior e é dado por $U_{bb} = \left(\frac{1}{h_{air}} + \frac{\delta_I}{K_I} + \frac{1}{h_r}\right)^{-1}$

E U_L é o coeficiente global de perda de calor do ar que circula para o isolamento, dado por $U_L = (U_{bb} + U_{tair})$.

h_{p1} e h_{p2} são os factores de penalização e os seus valores são definidos por

$h_{p1} = \frac{h_p}{U_{tT}+h_p}$ and $h_{p2} = \frac{h_e}{U_{tT}+h_p}$

Temperatura média do ar:

$$T_{air} = \left[\frac{U_{bb}T_a + U_{tair}T_a + h_{p2}h_{p1}I(t)(\tau\alpha)_{eff}}{U_L}\right]\left(1 - \frac{1-e^{-\frac{L_2U_L}{mC_{air}}\times L_1}}{\frac{L_2U_L}{mC_{air}}\times L_1}\right) + T_a\frac{1-e^{-\frac{L_2U_L}{mC_{air}}\times L_1}}{\frac{L_2U_L}{mC_{air}}\times L_1} \quad (4.6)$$

Onde h_{p2} é dado pela expressão $h_{p2} = \frac{h_e}{U_{pT}+h_e}$

Energia térmica útil Q_U

$$Q_U = \dot{m}_{air}C_{air}(T_{outlet} - T_a) \quad (4.7)$$

Eficiência térmica η_{th}

$$\eta_{th} = \frac{Q_U}{I(t)\times A_p} \quad (4.8)$$

Produção eléctrica do sistema PVT

Utilizando a equação empírica de Evans (1981), a eficiência real do sistema PVT é dada por

$$\eta_{el} = \eta_{ref}\,[1 - 0.0048(T_c - T_{ref})]$$

$$E_{out} = \eta_{act} \times A_p \times I(t) \times N \quad (4.9)$$

Onde N é o número de horas de sol por dia.

Eficiência global η_o

A eficiência global do sistema PVT é dada por $\eta_o = \eta_{th} + \eta_{el}$

4.3 DINÂMICA DE FLUIDOS COMPUTACIONAL

Os escoamentos de fluidos (gás e líquido) são regidos por equações diferenciais parciais (EDP) que representam leis de conservação da massa, do momento e da energia. A Dinâmica dos Fluidos Computacional (CFD) é utilizada para substituir esses sistemas de EDP por um conjunto de equações algébricas que podem ser resolvidas utilizando computadores digitais. O princípio básico do método de modelação CFD é que a região do escoamento simulado é dividida em pequenas células. As equações diferenciais de balanço de massa, momento e energia são discretizadas e representadas em termos das variáveis em qualquer posição pré-determinada dentro da célula ou no centro da célula. Estas equações são resolvidas iterativamente até que a solução atinja a precisão desejada (ANSYS Fluent 14.5). A CFD fornece uma previsão qualitativa dos fluxos de fluidos através de

- Modelação matemática (equações diferenciais parciais)
- Métodos numéricos (discretização e solução)

técnicas)

- Ferramentas de software (solucionadores, pré e pós-processamento

serviços públicos)

O método de simulação CFD é amplamente utilizado para analisar o comportamento do fluxo de fluidos, bem como os processos de transferência de calor e massa e as reacções químicas. Devido a uma combinação de maior eficácia informática e de técnicas numéricas avançadas, as técnicas de simulação numérica como a CFD tornaram-se uma realidade e oferecem um meio eficaz de quantificar o processo físico e químico nos reactores termoquímicos de biomassa em várias condições de funcionamento num ambiente virtual. As simulações precisas resultantes podem ajudar a otimizar a conceção e o funcionamento do sistema e a compreender o processo dinâmico no interior dos reactores. As técnicas de modelação CFD estão a generalizar-se nos domínios da transferência de calor e do cálculo do fluxo de fluidos.

4.4 SOFTWARE ANSYS FLUENT

O FLUENT é um dos pacotes de CFD mais utilizados. O software ANSYS FLUENT contém uma vasta gama de capacidades de modelação física que são utilizadas para modelar o escoamento, a turbulência, a reação e a transferência de calor para aplicações industriais. Características do software ANSYS FLUENT:

- FLEXIBILIDADE DA MALHA: software ANSYS FLUENT

proporciona flexibilidade de malha. Tem capacidade para resolver problemas de escoamento utilizando malhas não estruturadas. Os tipos de malha suportados pelo FLUENT incluem a quadrilateral, a triangular, a hexaédrica, a tetraédrica, a poliédrica, a piramidal e a prismática. A natureza automática da criação de malhas permite poupar tempo.

- FLUXO MULTIFÁSICO: É possível modelar diferentes

fluidos num único domínio no FLUENT.

- FLUXO DE REACÇÃO: Modelação da química da superfície,

A combustão, bem como a química de taxa finita, podem ser efectuadas no FLUENT.

- TURBULÊNCIA: Oferece uma série de turbulências

para estudar o efeito da turbulência numa vasta gama de regimes de escoamento.

- DINÂMICA E MALHA EM MOVIMENTO: A configuração dos utilizadores

a malha inicial e instruir o movimento, enquanto o software FLUENT altera automaticamente a malha para seguir o movimento instruído.

- PÓS-PROCESSAMENTO E EXPORTAÇÃO DE DADOS: Utilizadores

podem pós-processar os seus dados no software FLUENT, criando, entre outras coisas, contornos, linhas de trajetória e vectores para apresentar os dados.

4.5 ESQUEMA COMPUTACIONAL

4.5.1 Metodologia da solução

Existem três etapas principais para resolver um problema de CFD. Estes são

- Pré-processamento
- Solucionador
- Pós-processamento

Pré-processamento

Este é o primeiro passo na resolução de qualquer problema de CFD. Basicamente, envolve a conceção e a construção do domínio. Envolve os seguintes passos:

Definição de

a geometria da região, ou seja, modelar a geometria utilizando uma ferramenta de modelação CAD para definir claramente o domínio computacional.

- Importar o

modelo na ferramenta de criação de malhas em formato IGES ou STP. Definição dos limites do domínio, por exemplo, entrada, saída e outras paredes.

- Grelha

geração, a subdivisão do domínio em vários subdomínios mais pequenos, uniformes e não sobrepostos (ou volumes ou elementos de controlo Seleção dos fenómenos físicos ou químicos que devem ser modelados).

- Definição de

propriedades dos fluidos.

- Especificação de

condições de fronteira adequadas nas células que coincidem com a fronteira ou a tocam.

A solução para um problema de escoamento (velocidade, pressão, temperatura, etc.) é definida em nós dentro de cada célula. A precisão de uma solução CFD é determinada pelo número de células da grelha. Em geral, quanto maior for o número de células, maior será a precisão da solução. O software de geração de geometria e malha PRO-E ou ICEM CFD é utilizado para desenhar a geometria e a malha desta análise. ANSYS é um pré-processador de última geração para análise de engenharia. São utilizadas malhas hexagonais no domínio 3-D simplificado. Uma vez que a geometria do domínio computacional tenha sido malhada no ICEM CFD e convertida para não estruturada, é importada para o código comercial CFD ANSYS FLUENT 14.5 da ANSYS, Inc. De seguida, são definidos os modelos e as condições de fronteira apropriados.

Solucionador

Após a geometria e a malha terem sido feitas, o passo seguinte é efetuar os cálculos do escoamento. Os cálculos são efectuados para obter a solução para as equações determinantes. O solucionador CFD efectua os cálculos do escoamento e apresenta os resultados obtidos. FLUENT, Flo-Wizard, FIDAP, CFX e POLYFLOW são alguns dos tipos de solucionadores. São efectuadas numerosas iterações até a solução convergir e os resultados serem obtidos. O primeiro passo é a definição dos factores de sub-relaxamento, que são essenciais para a convergência da solução, uma vez que factores de sub-relaxamento errados ou inadequados podem dificultar a convergência. A inicialização da solução é também tão importante como a definição dos factores de sub-relaxamento porque ajuda o solver a assumir alguns valores iniciais necessários para resolver as equações governantes envolvidas. O ANSYS FLUENT é um solucionador de CFD baseado em volumes finitos escrito em linguagem "C" e tem a capacidade de resolver escoamentos de fluidos, transferência de calor e reacções químicas em geometrias complexas e suporta malhas estruturadas e não estruturadas.

Processamento posterior

Esta é a etapa final da análise CFD e envolve a organização e interpretação dos dados de escoamento previstos e a produção de imagens e animações CFD. Podem ser utilizados gráficos e vários esquemas de visualização para ajudar a compreender a física da solução. Os resultados são apresentados sob a forma de gráficos x-y, gráficos de contorno (por exemplo, contorno de temperatura), gráficos de vectores de velocidade, gráficos de linhas de fluxo e animações através do software de plotagem integrado no ANSYS/Fluent.

4.6 PROCEDIMENTO NUMÉRICO

Para efetuar a simulação no ANSYS FLUENT 14.5, os procedimentos são os seguintes

- Criar o modelo geométrico e a malha utilizando o PRO-E e o ICEM CFD, respetivamente

- Importar geometria para o ANSYS FLUENT 14.5

Definir o modelo do solucionador

- Definir o modelo de turbulência
- Definir os materiais
- Definir as condições de fronteira
- Definir adaptação de região e patching
- Inicializar os cálculos
- Iterar/calcular até se atingir a convergência
- Processa os resultados por correio.

O ANSYS FLUENT 14.5 possui dois métodos de solução:

(a) Método de solução baseado na pressão e **(b)** Método de solução baseado na densidade.

O método de solução baseado na pressão resolve sequencialmente as equações determinantes da continuidade, do momento, da energia e do transporte de espécies. Na solução baseada na pressão, as equações não lineares que regem o sistema são implicitamente linearizadas, o que significa que cada valor desconhecido é calculado utilizando uma relação que inclui os valores existentes e desconhecidos das células vizinhas. Como resultado, cada incógnita aparecerá em mais do que uma equação no sistema linear produzido. Assim, estas equações devem ser resolvidas simultaneamente para obter as quantidades desconhecidas. Neste trabalho, é adotado o método de solução baseado na pressão.

As equações governantes são discretizadas espacialmente para produzir equações algébricas discretas para cada volume de controlo. Existem vários esquemas de discretização disponíveis no ANSYS FLUENT, como se segue.

- Primeira ordem
- Segunda ordem
- Lei da potência e
- RÁPIDO

No presente estudo, o esquema de segunda ordem é utilizado como esquema de discretização para as equações do momento, da energia cinética da turbulência "k" e da taxa de dissipação "e", da energia e das espécies. A fração de volume da fase sólida utiliza o esquema de primeira ordem ou QUICK.

O ANSYS FLUENT também fornece três algoritmos para o acoplamento pressão-velocidade no solver baseado em pressão:

- SIMPLES
- SIMPLECe
- PISO

Para o presente trabalho, foram adoptadas as seguintes condições de fronteira na geometria da superfície:

- **Entrada de velocidade:**

As superfícies de entrada são definidas como entradas de velocidade. A velocidade e a temperatura do fluxo de ar na conduta são especificadas.

- **Pressão**

saída: A superfície de saída é atribuída como fronteira de saída de pressão. São especificadas a pressão e a temperatura da saída (fora do domínio).

- **Paredes:** O

As superfícies exteriores são definidas como fronteiras das paredes. As paredes são estacionárias com condição de não deslizamento imposta (velocidade zero) na superfície.

4.7 PROCEDIMENTO ADOPTADO DE SIMULAÇÃO CFD PARA TRABALHO ACTUAL

O procedimento seguinte é seguido para a simulação CFD do presente trabalho:

4.7.1 Modelação

A modelação e a montagem das peças, ou seja, a placa absorvente, o fluxo de ar e o isolamento inferior, são efectuadas no PRO-E. Para simplificar o trabalho, toda a geometria é dividida em partes iguais e toda a análise é efectuada numa única alheta de cada lado. As dimensões das peças são explicadas mais adiante.

Fig.4.3 Montagem da placa absorvente, do fluxo de ar e do isolamento

4.7.2 Malha

O ICEM-CFD é utilizado para a geração da malha ou grelha do modelo montado. Após a montagem, o modelo montado **é importado** para o ICEM CFD em formato STP ou IGES e a malha é criada. A definição das partes e dos limites é efectuada apenas aqui, ou seja, a entrada, a saída, as interfaces e todas as partes da geometria. É necessária uma malha hexagonal de tamanho fino para a geometria atual.

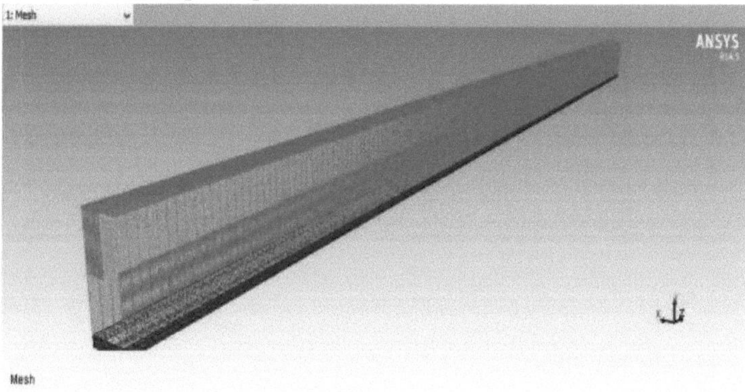

Fig.4.4 Malha hexagonal do modelo PVT

4.7.3 Simulação

A parte de simulação da análise foi efectuada no FLUENT. Após o processo de criação da malha, toda a malha é convertida em malha não estruturada e depois importada para o Fluent. Os materiais, ou seja, o aço, o ar e a madeira, são aqui definidos e, em seguida, são aplicadas as condições de fronteira, ou seja, a velocidade e a temperatura de entrada, a pressão de saída, o fluxo de calor, etc. Nas condições normais, ou seja, velocidade e temperatura de entrada de 2,5 m/s e 298 K, respetivamente, e fluxo de calor de 1000 W/m^2 na parte superior da placa absorvente, o contorno da temperatura total obtido é o seguinte

Tabela.4.1 Parâmetros para a simulação

Parâmetros	**Valores**
Densidade (aço)	8030 kg/m^3
Densidade (madeira)	700 kg/m^3
Densidade (ar)	1.225 kg/m^3
Condutividade térmica (aço)	16,27 W/mK
Condutividade térmica (madeira)	0,173 W/mK
Calor específico (ar) c_p	1,005 kJ/kgK

Fig.4.5 Contorno da temperatura total do PVT.

CAPÍTULO-5

RESULTADOS E DISCUSSÃO

5.1 PARÂMETROS DE CONCEPÇÃO DO COLECTOR DE AR PVT COM BARBATANAS LONGITUDINAIS

Tabela 5.1 Parâmetros de conceção do coletor de ar PV/T com alhetas longitudinais

Parâmetros	Valor
Comprimento da placa,Li	1.2 m
Largura da placa.L2	0.504 m
Espessura do vidro, 8g	0.005 m
Espessura da placa, 8p	0.003 m
Altura da alheta, Lf	0.025 m
Passo das alhetas, W	0.024 m
Espessura da alheta, 8f	0.003 m
Altura da conduta, Ld	0.05 m
Espessura do isolamento, 8I	0.005 m
Densidade do ar, pf	1,29 kg/m^3
Condutividade térmica da placa, kp	16,37 W/mK
Condutividade térmica do vidro, kg	0,8 W/mK
Condutividade térmica do isolamento, kr	0,173 W/mK
Transmissividade do vidro, Tg	0.85
Absorção da placa, ap	0.9
Absorvência da célula, ac	0.7
Fator de embalagem, ec	0.9
Eficiência de referência da célula,nc	0.13
Calor específico do ar, Cair	1005 J/kgK

5.2 RESULTADOS OBTIDOS

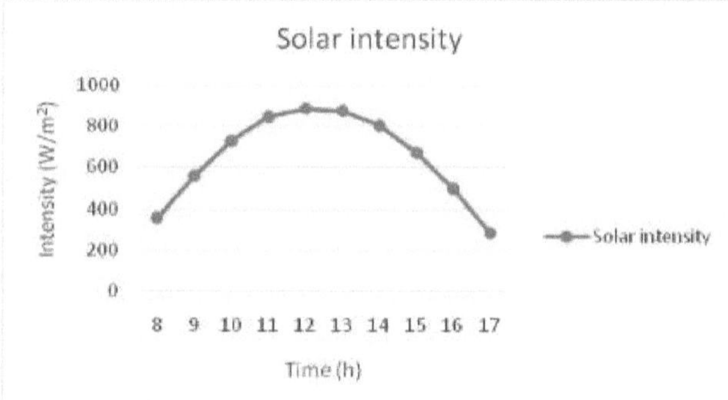

Fig.5.1 Variação horária da intensidade solar num dia claro no mês de junho (Nova Delhi)

A Fig.5.1 mostra a variação da intensidade da radiação solar na superfície inclinada do PV/T num dia claro (tipo a), no mês de junho, em Nova Deli, Índia. Como se pode ver claramente no gráfico, a intensidade da radiação solar durante a manhã é baixa, ou seja, 300 a 400 Watt/m^2 , aumentando gradualmente até ao meio-dia. A intensidade máxima é obtida entre as 12:00 e as 13:00, ou seja, cerca de 900 Watt/m^2 . Depois disso, começa novamente a diminuir e atinge o valor mínimo até às 17:00, ou seja, cerca de 250 a 300 Watt/m^2.

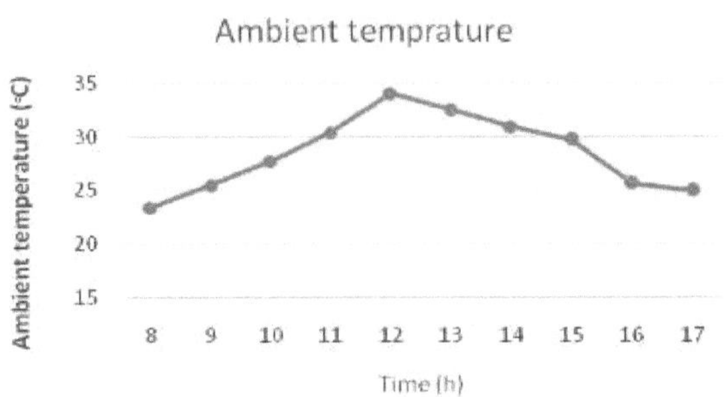

Fig.5.2 Variação horária da temperatura ambiente num mês de junho (Nova Deli).

A Fig. 5.2 mostra a variação da temperatura ambiente em função do tempo num dia de céu limpo do mês de junho em Nova Deli, Índia. Pode ver-se claramente no gráfico que, no início do dia, a temperatura é mínima e depois começa a aumentar gradualmente, atingindo o máximo às 12:00 horas, ou seja, 34-35 °C, e depois disso começa novamente a diminuir gradualmente em função do tempo. A temperatura ambiente é praticamente a mesma em todas as condições climatéricas.

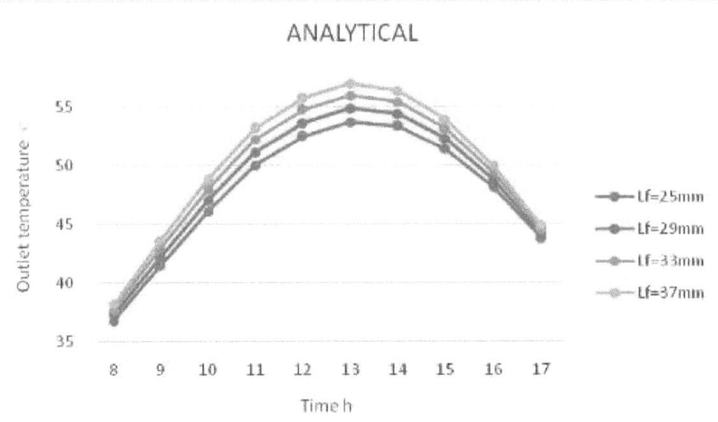

Fig.5.3 (a) Variação horária da temperatura de saída para diferentes alturas de alhetas analíticas

A figura acima mostra a variação da temperatura de saída para diferentes alturas de alhetas a diferentes horas, como se pode ver claramente no gráfico da análise analítica, a temperatura máxima de saída é obtida entre as 13:00 e as 14:00 horas para cada altura de alheta. A temperatura máxima de saída obtida no presente trabalho é de 56,98 °C pelo método analítico e é obtida com uma altura de aleta de 37 mm às 13:00 horas.

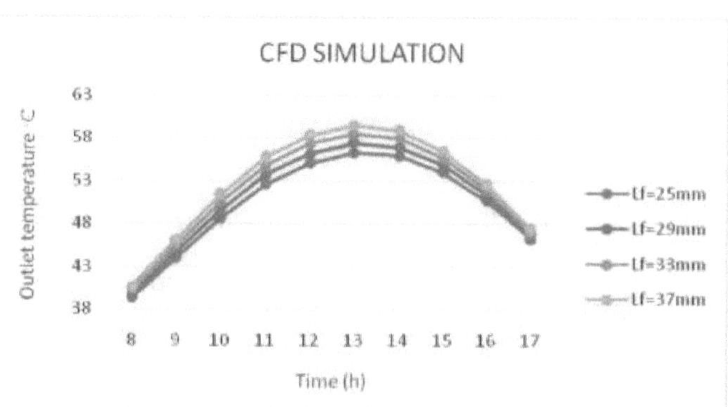

Fig.5.3 (b) Variação horária da temperatura de saída para diferentes alturas de alhetas (CFD)

Tal como na Fig. 5.3 (a), a figura acima também mostra a variação da temperatura de saída para diferentes alturas de alhetas a diferentes horas, os resultados da simulação CFD mostram que a temperatura máxima de saída é obtida entre as 13:00 e as 14:00 para cada altura de alheta. A temperatura máxima de saída obtida no presente trabalho é de 59,54°C por simulação CFD e é obtida com uma altura de aleta de 37 mm às 13:00 horas. A variação entre os resultados analíticos e os resultados da simulação CFD é de 2,5 °C.

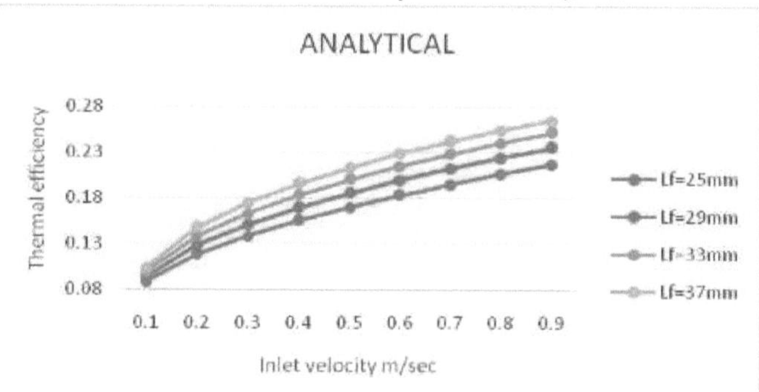

Fig. 5.4(a) Variação da eficiência térmica em função da velocidade de entrada para diferentes alturas das alhetas

analítico

O gráfico acima representa os resultados analíticos da variação da eficiência térmica em função das velocidades de entrada para diferentes alturas das alhetas. A partir da figura acima, pode ver-se claramente que a eficiência térmica máxima para o presente trabalho é obtida a uma velocidade de entrada de 0,9 m/seg e, após esse ponto, a eficiência térmica permanece quase constante. Para o valor da velocidade de entrada superior a 0,9 m/seg, a eficiência térmica tornou-se função apenas da altura das alhetas. Para uma altura máxima de aleta de 25 mm. A eficiência térmica obtida é de quase 21% por análise analítica.

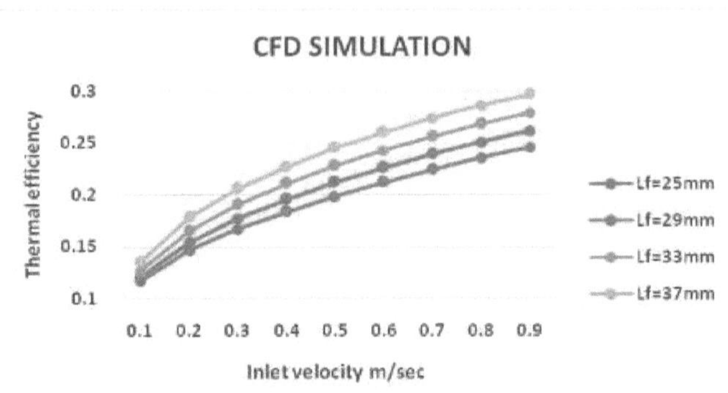

Fig.5.4 (b) Variação da eficiência térmica em função da velocidade de entrada para diferentes alturas das alhetas Simulação CFD

Tal como na Fig.5.4 (a), o gráfico acima representa a variação da eficiência térmica em função da velocidade de entrada para diferentes alturas de alhetas, obtida por simulação para diferentes alturas de alhetas. A eficiência térmica máxima para o presente trabalho é obtida a uma velocidade de entrada de 0,9 m/seg e, após esse ponto, a eficiência térmica permanece quase constante. Para o valor da velocidade de entrada superior a 0,9 m/seg, a eficiência térmica tornou-se função apenas da altura das alhetas. Para uma altura máxima de aleta de 25 mm. A eficiência térmica obtida é de aproximadamente 24% por simulação CFD. A variação entre os resultados analíticos e de simulação é de apenas 3% aproximadamente.

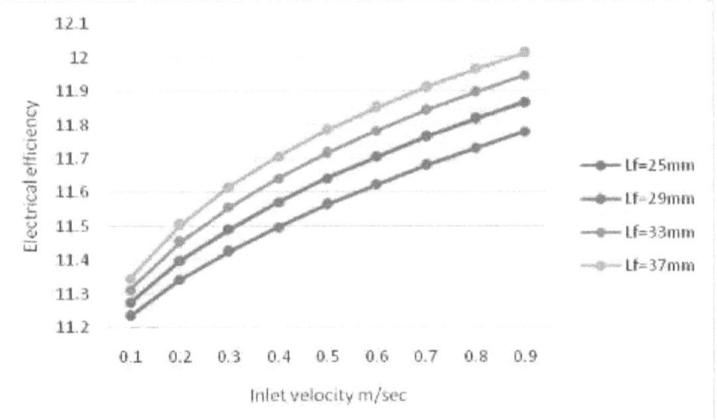

Fig.5.5 Variação da eficiência eléctrica em função da velocidade de entrada para diferentes alturas das alhetas

O gráfico acima mostra a variação da eficiência eléctrica em função da velocidade de entrada para diferentes alturas de alhetas. Pode ver-se aqui que a eficiência eléctrica do sistema aumenta à medida que a velocidade aumenta, mas o incremento na eficiência eléctrica diminui para uma variação de velocidade mais elevada. Para o presente trabalho, a eficiência eléctrica máx. A eficiência eléctrica é obtida a uma velocidade de entrada de 0,9 m/s para cada altura de alheta. A eficiência eléctrica também aumenta com o aumento da altura das alhetas.

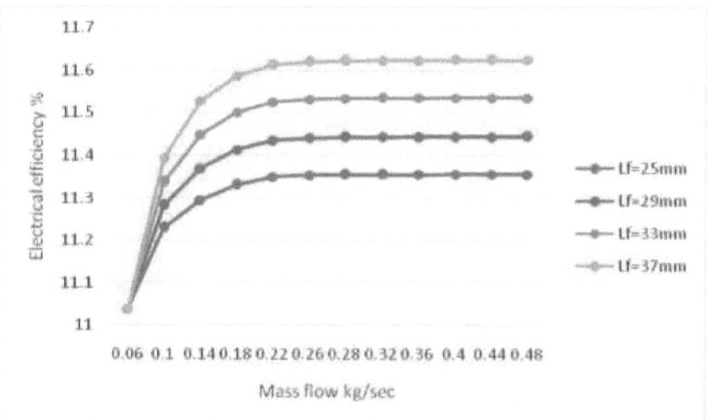

Fig.5.6 Variação da eficiência eléctrica em função do caudal mássico para diferentes alturas das alhetas

Do mesmo modo que a eficiência térmica, a eficiência eléctrica também varia em função do caudal mássico para diferentes alturas das alhetas. A partir do gráfico acima, pode ver-se claramente que a eficiência eléctrica máxima é obtida com um caudal mássico entre 0,22 e 0,26 kg/seg. Para um caudal mássico superior a 0,26 kg/seg., a eficiência eléctrica passa a ser função apenas da altura das alhetas.

Para a altura da alheta de 25 mm, a eficiência eléctrica máxima obtida é de 11,35%.

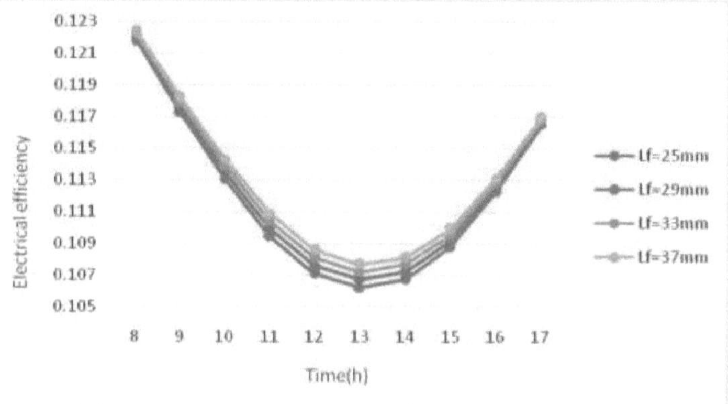

Fig.5.7 Variação horária da eficiência eléctrica para diferentes alturas de alhetas

A figura acima mostra a variação horária da eficiência eléctrica para diferentes alturas, como se pode ver aqui que, a qualquer momento, ou seja, com radiação solar constante, a eficiência eléctrica aumenta se a altura da aleta também aumentar. E para uma dada altura da alheta, a eficiência eléctrica será máxima durante a manhã e começará a diminuir gradualmente, atingindo um valor mínimo aproximadamente às 13:00 e começando a aumentar depois disso. Para a altura da alheta de 25 mm, obtemos uma eficiência mínima de aproximadamente 10,5% às 13:00 horas.

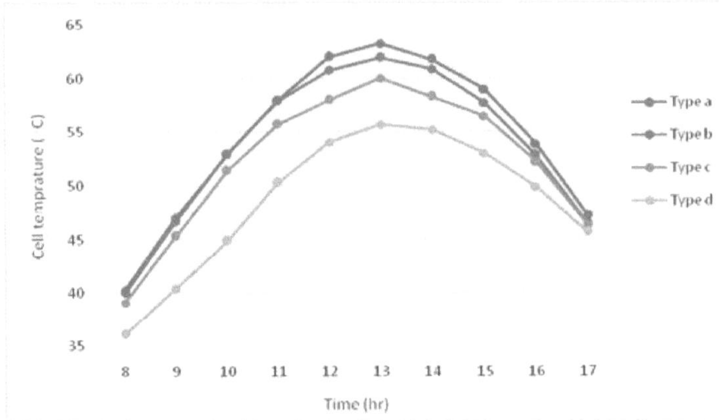

Fig.5.8 Variação horária da temperatura da célula para diferentes condições climatéricas.

A Fig. 6.8 mostra a variação da temperatura da célula para diferentes condições climáticas em diferentes horas. A temperatura da célula é quase a mesma para as condições climatéricas do tipo a e do tipo b e para o tipo c é ligeiramente inferior em comparação com as condições climatéricas do tipo a e do tipo b e a temperatura da célula é mínimo para condições meteorológicas do tipo d.

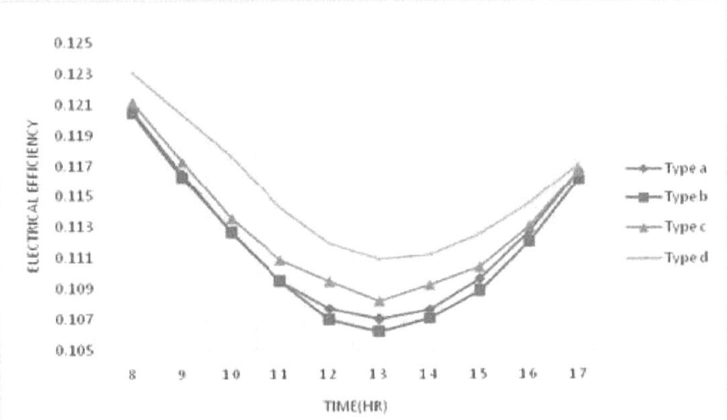

Fig.5.9 Variação horária da eficiência eléctrica para diferentes condições climáticas

A Fig.5.9 mostra a variação horária da eficiência eléctrica para diferentes condições climáticas. É claramente visto no gráfico acima que a eficiência eléctrica máxima é obtida em todas as condições meteorológicas às 13:00 e, entre todas as condições meteorológicas, a condição meteorológica do tipo d dá a eficiência eléctrica máxima.

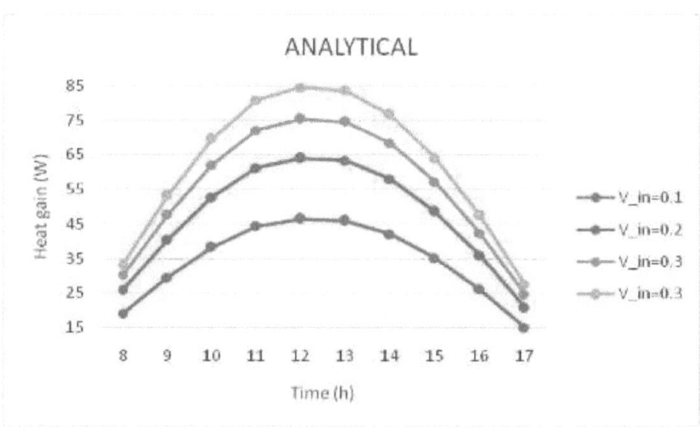

Fig.5.10 (a) Variação horária do ganho de calor para diferentes velocidades de entrada (analítica)

A Fig.5.10 mostra a variação horária do ganho de calor para diferentes velocidades de entrada. Como se pode ver na figura, num determinado momento, o ganho de calor aumenta com o aumento da velocidade de entrada.

Para uma dada altura de alheta, o ganho de calor será máximo entre as 12:00 e a 1:00 PM. O ganho de calor aumenta à medida que a velocidade do fluxo de ar da conduta aumenta. A uma velocidade de 0,3 m/s, o ganho máximo de calor é obtido às 12:00 e aproximadamente 84,52 W.

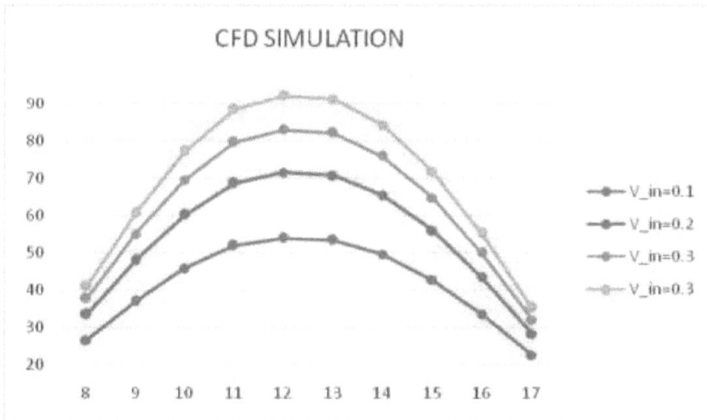

Fig.5.10 (b) Variação horária do ganho de calor para diferentes velocidades de entrada (CFD)

Tal como na Fig. 5.10 (a), este gráfico também mostra a variação horária do ganho de calor para diferentes velocidades de entrada obtidas por simulação CFD. O gráfico acima mostra que o ganho de calor obtido à velocidade de entrada de 0,3 m/s é de 92,13 W aproximadamente. Este desvio entre os resultados obtidos por análise e por simulação deve-se ao facto de a transferência de calor por radiação não ser considerada no processo de simulação CFD.

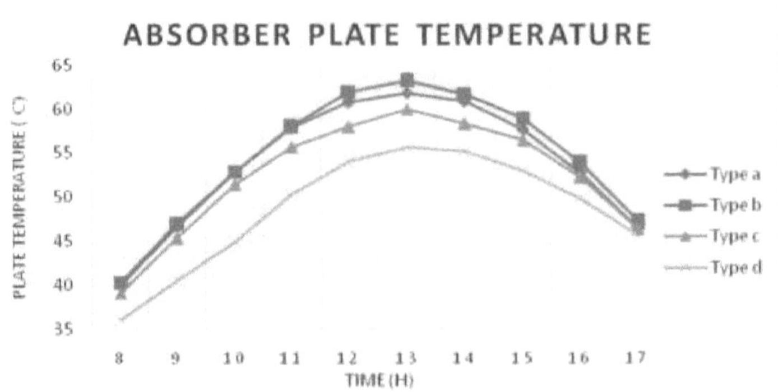

Fig.5.11 Variação horária da temperatura da placa absorvente para diferentes condições climáticas

A Fig. 5.11 mostra a variação horária da temperatura da placa para diferentes condições climatéricas, como se pode ver claramente na figura acima, a placa absorvente estará quase à mesma temperatura nas condições climatéricas do tipo a e do tipo b. Num determinado momento, a temperatura da placa absorvente diminui ligeiramente no tipo c, em comparação com o tipo a e o tipo b. A temperatura será mínima durante as condições climatéricas do tipo d. Num determinado momento, a temperatura da placa absorvente diminui ligeiramente no tipo c, em comparação com a e b. A temperatura será mínima durante as condições climatéricas do tipo d.

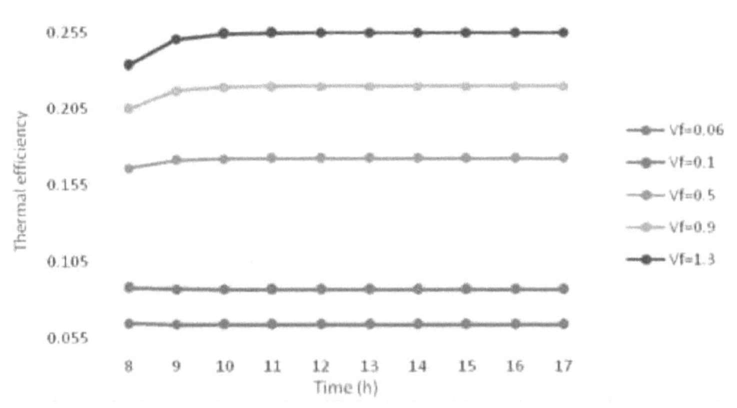

Fig.5.12 Variação horária da eficiência térmica para diferentes velocidades de entrada

A figura 5.12 mostra a variação horária da eficiência térmica para diferentes velocidades de entrada. A partir da figura, verificou-se que a eficiência térmica depende principalmente da velocidade do fluxo de ar ou, por outras palavras, do caudal mássico. A uma dada velocidade de caudal, a eficiência térmica permanece quase constante ao longo do dia. Apenas com o objetivo de aumentar a produção eléctrica, obteve-se uma velocidade mínima de 7 a 8 m/s. Mas, devido a este facto, o aumento da temperatura do ar em circulação será de apenas cerca de 1 a 2 °C.

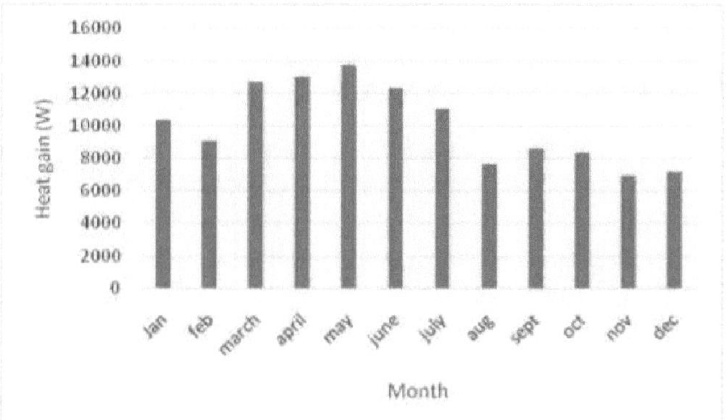

Fig.5.13 Variação mensal do ganho de calor

A figura 5.13 mostra a variação mensal do ganho de calor ao longo do ano. Verifica-se que o ganho de calor máximo ocorre durante os meses de abril e maio e o ganho de calor mínimo durante os meses de novembro e dezembro, como se pode ver claramente na figura acima. O ganho global de calor ao longo do ano é de aproximadamente 121 kW.

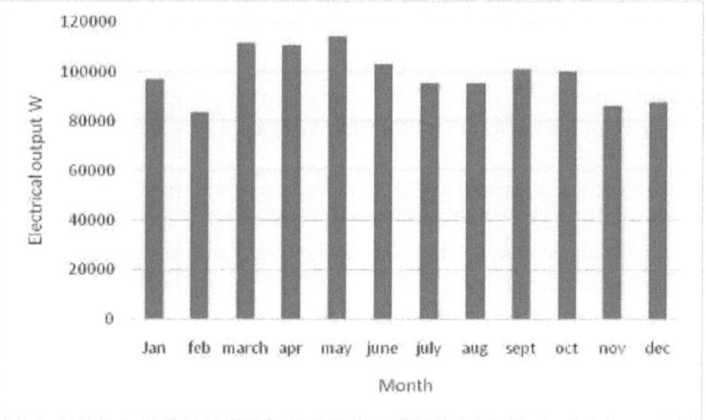

Fig.5.14 Variação mensal da potência eléctrica

A Figura 5.14 mostra a variação mensal da produção eléctrica, tendo o valor máximo sido obtido nos meses de março e abril e o mínimo no mês de novembro. A produção eléctrica global obtida ao longo do ano é de aproximadamente 1186,346 kW.

CAPÍTULO-6

CONCLUSÃO E FUTURO ÂMBITO DE APLICAÇÃO

6.1 CONCLUSÃO

O coletor de ar térmico fotovoltaico é um sistema híbrido que gera eletricidade e calor simultaneamente. No presente trabalho de tese, foram considerados módulos fotovoltaicos de vidro e aço com alhetas rectangulares longitudinais fixadas na parte inferior da placa absorvente de aço. As alhetas foram introduzidas para aumentar a área da superfície de contacto, aumentando assim o coeficiente efetivo de transferência de calor entre o absorvedor e o fluido que circula por baixo dele. Todos os cálculos foram efectuados com base nos dados ambientais de Nova Deli, Índia, registados pelo IMD Pune.

Foram obtidas as seguintes conclusões:

1. A temperatura de saída e o ganho de calor do ar em fluxo aumentam à medida que a altura das alhetas aumenta. Por cada mm de aumento na altura das alhetas, a temperatura de saída aumenta cerca de 0,28 °C e o ganho de calor cerca de 1,5 W.
2. Para uma determinada altura de alheta, a eficiência térmica e eléctrica máxima foi obtida com um caudal mássico de 0,22 a 0,26 kg/seg.
3. A uma dada altura das alhetas e velocidade de entrada, a eficiência eléctrica diminui com o aumento da irradiância solar.
4. O ganho de calor no fluido em escoamento aumenta com o aumento da velocidade de entrada e da irradiância solar.
6. Apenas para efeitos de produção de eletricidade, ou seja, para a produção máxima de eletricidade, foi obtida uma velocidade de entrada mínima de 7 a 8 m/s. Mas, devido a este facto, o aumento da temperatura do ar em circulação será apenas de cerca de 1 a 2 °C.
7. O ganho global de calor obtido ao longo do ano é de cerca de 121 kW.
8. A produção eléctrica global obtida ao longo do ano é de cerca de 1186,346 kW.

6.2 ÂMBITO FUTURO

Para o desenvolvimento futuro, as sugestões são as seguintes:

1. Podem ser efectuadas experiências para validar os resultados com maior precisão.
2. Podem também ser introduzidas alhetas com diferentes secções transversais e materiais para aumentar os coeficientes efectivos de transferência de calor, poupar material e reduzir o custo total.
3. Juntamente com as alhetas, o fenómeno da camada limite também pode ser considerado e a rugosidade artificial pode ser introduzida por diferentes meios para diminuir a formação do fenómeno da camada limite e para melhorar a transferência de calor.
4. Podem ser utilizados vários métodos para aumentar a intensidade da radiação no módulo FV, por exemplo, reflectores.

REFERÊNCIAS

[1] S. Abdul Hamid et al. An overview of photovoltaic thermal combination (PVT Combi) technology, 38 (2014) 212-222.

[2] Wolf M. Performance analyses of combined heating and photovoltaic power systems for residences (Análise de desempenho de sistemas combinados de aquecimento e energia fotovoltaica para residências). Energy Convers 116 (1976) 79-90.

[3] Florschuetz L.W. Sobre a rejeição de calor de matrizes de células solares terrestres com concentração de luz solar. In: Actas da 11ª conferência IEEE PVSC. Nova Iorque, EUA; (1975) 318-26.

[4] Florschuetz LW. Extensão do modelo Hottel-Whillier para a análise de colectores combinados de placas planas fotovoltaicas/térmicas. Sol Energy 22 (1979) 361-6.

[5] Kern J.E., Russell M.C. Combined photovoltaic and thermal hybrid collector systems. In: Actas dos 13ºs especialistas em energia fotovoltaica do IEEE. Washington DC, EUA; (1978) 1153-57.

[6] Hendrie S.D. Avaliação de colectores térmicos fotovoltaicos combinados. In: Actas da conferência internacional ISES. Atlanta, Geórgia, EUA; (1979) 1865-1969.

[7] Karl H. Photovoltaischer hybrid kollektor. In: Actas do 4º Congresso Internacional de Laser. Munchen, Alemanha; 1979.

[8] Lalovic B. Um coletor solar híbrido de silício amorfo fotovoltaico e térmico. Solar cells 19 (1986-1987) 131-8.

[9] Tsangrassoulis A, Santamouris M, Asimaopoulos D. Theoretical and experimental analysis of daylight performance for various shading systems. Energy Build 24 (1996) 223-30.

[10] Sopian K, Syahri M, Abdullah S, Othman MY, Yatim B. Performance of a non- metallic unglazed solar water heater with integrated storage system. Renew Energy 11 (2004)1421-30.

[11] Garg HP, Adhikari RS. Coletor de aquecimento de ar híbrido convencional fotovoltaico/térmico (PV/T): simulação em estado estacionário. Renew Energy 11 (1997)363-85.

[12] Tonui JK, Tripanagnostopoulos Y. Colectores solares PV/T melhorados com extração de calor por circulação de ar forçada ou natural. Renew Energy 32 (2007) 623 -37.

[13] Tonui JK, Tripanagnostopoulos Y. Melhoria do desempenho dos colectores solares PV/T com funcionamento em fluxo de ar natural. Sol Energy 82 (2008) 1-12.

[14] Bailey Robert L. Solar Electrics Research and Development. Ann Arbor Sciences (1980) 2-186.

[15] Cheremisinoff, Paul N.; Dickinson, William C. Solar Energy Technology Handbook, Part A. (1980) 1-167.

[16] Dixon, A.E.; Leslie, J.D. Solar Energy Conversion. New York, NY: Pergamon (1979) 1-37.

[17] Rauschenbach, H.S. Solar Cell Array Design - Handbook. Nova Iorque, NY: Van Nostrand Reinhold Co. (1980) 6-14, 155-160.

[18] C.S. Solanki, "Solar Photovoltaics, Fundamentals, Technologies and Applications. "EEE02 (2014)8-10,159-161,324-338.

[19] S. Abdul Hamid et al. An overview of photovoltaic thermal combination (PVT Combi) technology, 2014; 38: 212-222.

[20] Associação europeia da indústria fotovoltaica, eletricidade solar fotovoltaica

Empowering the world, 06 (2011) 57-58.
[21]http://www.mnre.gov.in/filemanager/UserFiles/mission_document_JNNSM.pdf
[22]Swami. P Srivastav & Surat. P. Srivastav.Solar energy and its future role in Indian economy. IJESDM.04 (2013) 6-7
[23]Jin-Hee Kim et al., "Experimental performance of a photovoltaic-thermal air collector" Energy Procedia 48 (2014) 888 - 894
[24]Sopian et al. "Performance analysis of photovoltaic thermal air heaters", Energy Conversion and Management, 37 (1996) 1657-1670.
[25]Sopian et al. "Performance of a double pass photovoltaic thermal solar collector suitable for solar drying systems",Energy Conversion & Management 41 (2000) 353-365
[26]T. Fujisawa e T. Tani "Annual exergy evaluation on photovoltaic-thermal hybrid collector", Solar Energy Materials and Solar Cells 47 (1997) 135-148
[27]R. Zakharchenko et al. "Photovoltaic solar panel for a hybrid PV/thermal system", Solar Energy Materials & Solar Cells 82(2004) 253-261.
[28]Mohd.Y.Hj. Othman et al. "Performance analysis of a double- passphotovoltaic/thermal (PV/T) solar collector with CPC and fins", Renewable Energy 30 (2005) 2005 -2017.
[29]G. Vokas et al. "Hybrid photovoltaic-thermal systems for domestic heating and cooling-A theoretical approach", Solar Energy 80 (2006) 607-615.
[30]P.G. Charalambous et al. "Photovoltaic thermal (PV/T) collectors: A review", Applied Thermal Engineering 27 (2007) 275-286.
[31]Anand S. Joshi e Arvind Tiwari "Energy and exergy efficiencies of a hybrid photovoltaic-thermal (PV/T) air collector",Renewable Energy 32 (2007) 2223-2241.
[32]M. Yusof Othman et al. "Performance studies on a finned double-pass photovoltaic-thermal (PV/T) solar collector", Desalination 209 (2007) 43-49.
[33]E. Erdil et al. "An experimental study on energy generation with a photovoltaic (PV) solar thermal hybrid system",Energy 33 (2008) 1241-1245
[34]B. Jiang et al. "The influence of PV coverage ratio on thermal and electrical performance of photovoltaic-Trombe wall",Renewable Energy 33 (2008) 2491-2498.
[35]T.T Chow et al. "Energy and exergy analysis of photovoltaic-thermal collector with and without glass cover", Applied Energy 86 (2009) 310-316.
[36]A.S. Joshi et al. "Performance evaluation of a hybrid photovoltaic thermal (PV/T) (glass-to-glass) system", International Journal of Thermal Sciences 48 (2009) 154-164.
[37]F. Sarhaddi et al. "Um modelo térmico e elétrico melhorado para um coletor de ar solar fotovoltaico térmico (PV/T)". Energia Aplicada 87 (2010) 2328-2339
[38]B. Agrawal e G.N. Tiwari, "An Energy and Exergy Analysis of Building Integrated Photovoltaic Thermal Systems" (Análise energética e exergética de sistemas térmicos fotovoltaicos integrados em edifícios) Applied Energy 87 (2010) 417-426
[39]S.P. Sukhatme. "Solar Energy- Principle of thermal collection and storage".TMH, 02, 2004; 61-68, 74-76, 93-95.

APÊNDICE A PROGRAMAÇÃO EM VISUAL BÁSICO

Programação em Microsoft Visual Basic para modelação matemática de diferentes condições climáticas a, b, c e d.

```
Opção explícita
Private Sub commandbutton1_click ()
Dim L1, L2, L_d, L_f, W_ff, del_f As Single
Dim m_dot, T_e, T_fi, I_t, A_cr, Rho_f, Vel_f As Single
Dim Time, month As Single
Para mês = 0 A 11
Para Tempo = 1 a 10
Vel_f = Cells(1 + Time + month * 12, 2).Value 'Velocidade do ar no interior da conduta em m/seg.
T_e = Cells(1 + Time + month * 12, 3).Value 'Temperatura ambiente em graus Celsius.
I_t = Cells(1 + Time + month * 12, 4).Value 'Fluxo de radiação incidente em W/m2.
T_fi = T_e + 273,15 ''Temperatura de entrada do ar abaixo do absorvedor, em K.
L1 = 1,2 'Comprimento da placa absorvente em m.
L2 = 0,504 'Largura da placa absorvente em m.
L_d = 0,05 ''Altura da conduta em m.
L_f = 0,025 ''Altura da alheta em m.
W_ff = 0,024 ''Distância entre duas alhetas em m.
del_f = 0,003 ''espessura da alheta em m
Rho_f = 1,29 ''Densidade do ar por baixo do absorvedor em Kg/m3.
A_cr = (L2 * L_d) - (21 * del_f * L_f) ''Secção transversal disponível para o fluido em m2.
m_dot = Rho_f * A_cr * Vel_f 'Caudal mássico do ar na conduta em Kg/seg.
Dim Eta_ff, m, L_c, h_air, P, k_p, A_f, h_eff, n_f, P1 As Single
n_f = 21 ''número de barbatanas.
h_ar = 2,8 + (3,8 * Vel_f) 'Coeficiente global de transferência de calor do ar sob a placa.
k_p = 16,37 ''Condutividade térmica da placa absorvente em W/m2K.
P = 2 * (L1 + del_f) ''Perímetro da barbatana em m.
A_f = (L1 * del_f) ''Área da secção transversal da alheta em m2.
L_c = L_f + (del_f / 2) ''Comprimento caraterístico da alheta em m.
m = ((h_eff * P) / (k_p * A_f))^ (1 / 2)
P1 = (m * L_c)
Eta_ff = (Exp(P1) - Exp(-P1)) / (Exp(P1) + Exp(-P1)) 'Eficiência das alhetas.
h_eff = h_ar * (1 + (2 * n_f * L_f * Eta_ff / L2)) 'Coeficiente efetivo de transferência de calor do ar sob a placa.
Dim A_p, Vel_a, del_g, k_g, h_o, del_p As Single
Dim U_T, h_p, h_p1 As Single
```

```
A_p = L1 * L2 'Área da placa absorvente em m2.
Vel_a = 2,3 'Velocidade do ar ambiente em m/seg.
del_g = 0,005 'Espessura do vidro em m.
del_p = 0,003 'Espessura da placa absorvente em m.
k_g = 0,8 ''Condutividade térmica do vidro em W/m2K.
h_o = 5,7 + (3,8 * Vel_a) ''Coeficiente de transferência de calor por convecção a partir do topo do vidro.
U_T = ((del_g / k_g) + (1 / h_o))л (-1) ''Coeficiente de perdas no topo.
h_p = (k_p / del_p) ''Coeficiente de transferência de calor por condução.
h_p1 = h_p / (U_T + h_p)
Dim U_tT, h_p2, del_I, k_I, h_r, U_bb, U_tair, U_L As Single
h_r = 2,8
del_I = 0,005 'Espessura do isolamento em m.
k_I = 0,173 ''Condutividade térmica do isolamento.
U_tT = (U_T * h_p) / (U_T + h_p)
h_p2 = h_eff / (U_tT + h_eff)
U_bb = ((1 / h_eff) + (del_I / k_I) + (1 / h_r)) л (-1)
U_tair = ((1 / h_eff) + (1 / U_tT)) л (-1)
U_L = (U_bb + U_tair) 'Coeficiente global de perda de calor.
Dim Tau_g, Alp_c, Beta_c, Alp_p, Eta_c, TA_eff As Single
Tau_g = 0,85 ''Transmissividade do vidro.
Alp_c = 0,7 ''Absorvência da célula solar.
Beta_c = 0,9 ''Fator de embalagem.
Alp_p = 0,9 ''Absorção da placa.
Eta_c = 0,13 ''Eficiência de referência da célula solar.
TA_eff = Tau_g * ((Alp_c * Beta_c) + Alp_p * (1 - Beta_c)) - Eta_c
Dim T_a, T_ar, C_ar, K1, K2, K3 As Single
T_a = T_fi
C_ar = 1005 ''Calor específico do ar em J/KgK.
K1 = (L2 * U_L * L1) / (m_dot * C_ar)
K2 = 1 - Exp(-K1)
K3 = ((U_bb * T_a) + (U_tair * T_a) + (h_p1 * h_p2 * I_t * TA_eff)) / U_L
T_ar = K3 * (1 - (K2 / K1)) + (T_a * K2 / K1)
Dim T_fo, T_p, T_c, Q_u, Eta_th As Single
T_fo = (K3 * K2) + (T_a * (1 - K2)) ''Temperatura de saída do ar em K.
T_p = ((h_eff * T_ar) + (U_tT * T_a) + (h_p1 * I_t * TA_eff)) / (U_tT + h_eff) 'Temperatura da placa absorvente em K.
T_c = ((h_p * T_p) + (U_T * T_a) + (I_t * TA_eff)) / (U_T + h_p) 'Temperatura da célula em K.
Q_u = m_dot * C_ar * (T_fo - T_fi) 'Ganho de calor útil no fluido em J.
Eta_th = Q_u / (I_t * A_p) ''Eficiência térmica do sistema.
Dim Eta_ov, Eta_act, E_out, N As Single
N = 9 ''N.º de horas de sol.
Eta_act = Eta_c * (1 - 0,0048 * (T_c - 298,15)) 'Eficiência real da célula.
Eta_ov = Eta_th + Eta_act
E_out = Eta_act * I_t * A_p * N 'Saída eléctrica.
```

```
Células(1 + Tempo + mês * 12, 1).Value = 7 + Tempo
Células(1 + Tempo + mês * 12, 5).Value = m_dot
Células(1 + Tempo + mês * 12, 6).Value = T_c
Células(1 + Tempo + mês * 12, 7).Value = T_p
Células(1 + Tempo + mês * 12, 8).Valor = T_fo
Células(1 + Tempo + mês * 12, 9).Valor = Q_u
Células(1 + Tempo+  mês*12        ,         10).Valor = Eta_th
Células(1 + Tempo+  mês*12        ,         11).Valor = Eta_act
Células(1 + Tempo+  mês*12        ,         12).Valor = Eta_ov
Células(1 + Tempo+  mês*12        ,         13).Valor = E_out
Células(1 + mês * 12, 1).Value = "Tempo"
Cells(1 + mês * 12, 2).Value = "Vel. de entrada".
Cells(1 + mês * 12, 3).Value = "Temperatura ambiente".
Células(1 + mês * 12, 4).Value = "Radiação"
Células(1 + mês * 12, 5).Value = "Em fluxo de massa"
Células(1 + mês * 12, 6).Value = "Célula Temp."
Células(1 + mês * 12, 7).Value = "Temperatura da placa".
Células(1 + mês * 12, 8).Value = "Temperatura exterior".
Células(1 + mês * 12, 9).Value = "Ganho de calor"
Cells(1 + mês * 12, 10).Value = "Th. Eficiência"
Células(1 + mês * 12, 11).Value = "El.Efficiency"
Células(1 + mês * 12, 12).Value = "Eficácia global".
Células(1 + mês * 12, 13).Value = "El.Output"
```

APÊNDICE B
DADOS DE RADIAÇÃO SOLAR

Dados de radiação solar para Nova Deli, Índia

Radiação solar para o tipo a

Radiação	Mês TimcCV	Jan	Fev	Mar	abril	maio	junho	julho	agosto	setembro	outubro	Nov	Dez
Feixe	8	80.38	106.99	172.54	245.67	288.64	312.78	258.33	246.97	177.96	124.31	78.66	56.75
	9	269.27	297.76	365.92	448.94	471.72	487.78	445.6	428.54	376.48	295.83	254.67	221.96
	10	447.4	468.37	529.01	608.41	622.98	645	566.2	519.19	541.11	445.83	408.21	383.07
	11	559.2	592.03	650.21	713.48	731.31	756.11	626.62	643.94	657.41	556.95	500.38	484.26
	12	600.35	644.71	713.73	760.62	782.58	783.89	662.73	678.53	716.67	613.89	522.35	479.37
	13	597.22	646.95	716.08	762.34	773.48	761.11	676.85	606.57	695.19	602.08	521.09	477.12
	14	527.78	590.23	652.03	701.23	710.86	702.22	615.74	569.19	615.56	543.75	455.56	434.13
	15	389.06	460.39	528.79	583.66	595.71	589.45	573.61	485.36	505.74	422.23	339.39	321.16
	16	221.18	289.69	366.67	422.22	426.51	468.89	420.14	349.5	360.74	269.44	186.62	175.13
	17	64.58	114.25	178.37	233.25	239.4	303.89	262.73	212.12	178.89	92.36	41.04	31.35
Difusa	8	52.6	73.3	94.23	122.47	117.68	123.89	109.03	86.62	100	44.44	42.8	36.37
	9	86.28	105.82	123.02	139.54	137.12	149.44	141.44	100	124.81	68.75	61.36	53.31
	10	107.29	126.08	142.2	159.4	153.28	157.22	171.07	155.3	140.93	119.45	77.15	60.19
	11	121.53	137.36	154.11	174.84	166.67	158.89	205.09	176.26	151.67	137.5	109.6	81.61
	12	126.39	141.31	153.21	180.39	174.24	167.78	218.75	189.65	152.41	147.92	141.67	142.46
	13	136.63	145.07	153.21	181.78	177.02	185	219.68	201.26	160	154.17	136.36	141.27
	14	128.3	138.35	151.12	177.45	175.76	180.56	204.86	197.48	164.26	142.36	131.82	119.18
	15	110.94	123.84	136.54	163.24	165.66	176.11	179.63	172.72	150.74	121.53	114.77	105.03
	16	90.28	101.52	116.35	146.08	154.29	142.78	149.54	128.28	123.15	93.06	88.01	78.84
	17	41.84	63.98	85.74	115.36	133.08	116.11	110.42	93.69	91.3	59.72	43.05	37.43
Mundial	8	132.99	180.29	266.77	368.14	406.31	436.67	367.36	333.59	277.96	168.75	121.46	93.12
	9	355.56	403.58	488.94	588.48	608.84	637.22	587.04	528.54	501.3	364.58	316.04	275.27
	10	554.69	594.44	671.21	767.81	776.26	802.22	737.27	674.49	682.04	565.28	485.35	443.25
	11	680.73	729.39	804.33	888.32	897.98	915	831.71	820.2	809.07	694.45	609.97	565.87
	12	726.74	786.02	866.93	941.01	956.82	951.67	881.48	868.18	869.07	761.8	664.01	621.83
	13	733.85	792.03	869.28	944.12	950.51	946.11	896.53	807.83	855.19	756.25	657.45	618.39
	14	656.08	728.58	803.15	878.68	886.62	882.78	820.6	766.67	779.81	686.11	587.37	553.31
	15	500	584.23	665.33	746.9	761.37	765.56	753.24	658.08	656.48	543.75	454.17	426.19
	16	311.46	391.22	483.01	568.3	580.81	611.67	569.68	477.78	483.89	362.5	274.62	253.97
	17	106.42	178.23	264.1	348.61	372.48	420	373.15	305.81	270.19	152.08	84.09	68.78

Radiação	Mês Tempo-I-	JAN	FEB	MAR	APR	MAIO	JUNHO	JULHO	AUG	SETEMBRO	PTU	NOV	DEC
Feixe	8	66.83	101.68	180.86	278.94	234.95	235	206	196.89	172.5	126.83	45.44	58.33
	9	229.94	282.24	379.8	469.31	393.42	390.5	362.72	333.61	355.28	255	173.55	181.05
	10	393.17	442.55	552.95	622.22	520.28	517.36	467.77	461.39	483.55	385.5	278.22	323.27
	11	500.95	570.81	671.19	734.75	600.95	615.39	520.5	571.33	562	461	362.39	424.83
	12	553.43	623.26	728.95	783.72	647.14	699.14	596	603.44	596.95	490	388.5	459.78
	13	562.15	632.01	731.81	766.38	635.58	661.25	578.44	600.61	628.56	469.66	356.5	462.73
	14	495.09	576.64	671.22	691.34	554.72	597.89	526.11	556.73	576.39	397.17	289.94	404.72
	15	369.81	445.5	535.64	549.86	450.97	517.22	415.95	455.22	463.34	280.94	182.44	288.67
	16	218.29	285.25	368.31	382.55	301.05	361.39	311	287.39	292.21	141.44	71.73	129.05
	17	63.95	113.41	178.05	206.81	151.3	208.92	154.12	139.28	132.61	27.39	38.5	12.55
Difusa	8	52.75	84.99	119.58	134.17	204.16	198.33	192.67	170	104.84	133.17	107.67	28.34
	9	102.57	143.6	160.42	166.25	247.92	250.83	229.5	218.17	144.5	187	158.67	99.16
	10	123.09	167.04	180.83	186.67	274.17	277.08	283.34	252.16	204	212.5	192.67	133.17
	11	149.46	181.69	201.25	201.25	297.5	297.5	320.17	260.67	226.66	232.34	212.5	155.84
	12	155.32	190.49	204.16	215.84	300.42	300.42	340	277.66	240.83	238	218.17	170
	13	161.18	190.49	207.08	215.84	300.42	335.41	328.66	280.5	232.34	232.34	206.84	172.83
	14	155.32	181.69	198.33	210	297.5	315	311.67	252.16	223.83	218.17	201.16	161.5
	15	128.94	158.25	177.91	201.25	271.25	291.67	291.83	232.34	204	184.17	170	136
	16	96.71	123.09	154.58	175	239.17	274.17	243.67	218.17	170	141.67	121.83	99.16
	17	46.88	70.34	110.84	125.41	189.59	207.08	198.33	178.5	133.17	70.83	48.16	51
Mundial	8	119.58	186.67	300.45	413.11	439.11	433.34	398.66	366.89	277.34	260	153.11	86.66
	9	332.5	425.84	540.22	635.55	641.34	641.34	592.22	551.78	499.78	442	332.22	280.22
	10	516.25	609.59	733.78	808.89	794.45	794.45	751.11	713.55	687.55	598	470.89	456.45
	11	650.41	752.5	872.45	936	898.45	912.89	840.66	832	788.66	693.34	574.89	580.66
	12	708.75	813.75	933.11	999.55	947.55	999.55	936	881.11	837.78	728	606.66	629.78
	13	723.33	822.5	938.89	982.22	936	996.66	907.11	881.11	860.89	702	563.34	635.55
	14	650.41	758.33	869.55	901.34	852.22	912.89	837.78	808.89	800.22	615.34	491.11	566.22
	15	498.75	603.75	713.55	751.11	722.22	808.89	707.78	687.55	667.34	465.11	352.45	424.66
	16	315	408.33	522.89	557.55	540.22	635.55	554.66	505.55	462.22	283.11	193.55	228.22
	17	110.84	183.75	288.89	332.22	340.89	416	352.45	317.78	265.78	98.22	86.66	63.55

Radiação	Mês Tempo-Д-	JAN	FEB	MAR	APR	MAIO	JUNHO	JULHO	AUG	SETEMBRO	PTU	NOV	DEC
Feixe	8	6.95	26.11	63.33	101.39	145.84	80.56	127.49	57.92	91.95	65.27	2.77	23.6
	9	88.89	122.51	174.16	217.22	275.01	204.86	266.78	199.3	216.95	193.34	69.31	102.78
	10	164.44	218.34	284.17	304.45	371.53	349.31	347.11	249.3	317.22	290.55	148.06	209.44
	11	237.78	290	371.95	372.23	449.31	400.01	398.3	329.45	378.34	356.94	191.95	276.66
	12	289.44	317.78	410.83	405	453.47	399.31	390.75	325.56	363.61	382.39	198.47	316.11
	13	289.44	320.84	393.34	393.61	431.25	437.5	395.86	335.15	387.92	372.28	194.59	296.94
	14	251.39	259.16	342.5	341.54	427.08	361.11	382.26	278.61	367.5	300.5	176.66	231.39
	15	173.06	170.56	265.56	279.72	333.33	303.48	280.72	223.75	271.81	194.94	121.67	166.12
	16	95.56	98.61	163.89	173.47	194.44	191.67	205.44	152.08	158.75	88.1	37.22	83.05
	17	19.17	25.55	60.55	56.25	68.75	86.8	95.29	74.86	57.91	9.22	1.67	3.05
Difusa	8	64.16	91.66	134.44	187.5	215.28	277.77	205.84	239.58	169.3	130.56	63.89	45.84
	9	146.66	161.94	192.5	236.11	291.66	350.7	263.89	290.7	239.58	172.22	137.36	122.22
	10	195.56	201.66	229.16	277.77	336.8	378.47	295.55	348.2	300.28	205.56	185.28	171.12
	11	220	232.22	241.38	305.55	392.36	416.66	345.7	370.55	313.05	230.56	223.61	226.12
	12	226.12	244.44	253.62	319.45	440.97	434.03	387.91	376.95	367.36	241.67	245.97	250.56
	13	226.12	241.38	268.88	326.39	440.97	423.61	366.8	367.36	364.17	236.11	258.75	247.5
	14	210.84	247.5	259.72	322.91	378.47	402.78	340.41	351.39	345	213.89	230	235.28
	15	180.28	213.88	232.22	284.73	333.34	385.41	321.95	316.25	303.47	188.89	191.67	189.44
	16	122.22	168.06	189.44	246.53	319.45	347.22	263.89	277.92	255.55	141.67	140.55	125.28
	17	51.94	85.56	128.34	177.09	253.47	246.53	184.72	207.64	198.05	63.89	61.89	61.16
Mundial	8	71.11	117.78	197.78	288.89	361.11	358.33	333.33	297.5	261.25	195.83	66.66	66.66
	9	235.55	284.45	366.66	453.34	566.67	555.56	530.67	490	456.53	365.56	206.66	216
	10	360	420	513.34	582.22	708.33	727.78	642.66	597.5	617.5	496.11	333.34	365.34
	11	457.78	522.22	613.34	677.78	841.67	816.67	744	700	691.39	587.5	415.55	482.67
	12	515.55	562.22	664.45	724.45	894.44	833.33	778.67	702.5	730.97	624.06	444.45	544
	13	515.55	562.22	662.22	720	872.22	861.11	762.66	702.5	752.09	608.39	453.34	522.66
	14	462.22	506.66	602.22	664.45	805.56	763.89	722.67	630	712.5	514.39	406.66	448
	15	353.34	384.45	497.78	564.45	666.67	688.89	602.67	540	575.28	383.83	313.34	341.34
	16	217.78	266.66	353.34	420	513.89	538.89	469.33	430	414.3	229.77	177.78	200
	17	71.11	111.11	188.89	233.34	322.22	333.33	280	282.5	255.97	73.11	62.22	58.67

Radiação	Mês Tempo- ^J-	JAN	FEB	MAR	APR	MAIO	JUNHO	JULHO	AUG	SETEMBRO	PTU	NOV	DEC
Feixe	8	3.03	3.64	22.42	58.9	67.94	65.55	46.55	30.96	27.79	3.5	14.3	1.95
	9	32.44	38.44	101.92	179.94	161.3	98.8	99.42	101.51	62.66	42.25	67.33	36.95
	10	61.44	43.89	182.1	279.12	251.14	94.57	137.84	100.49	114.37	95.66	127.61	85.56
	11	80.77	61.5	201.03	329.5	272.84	189.72	149.5	154.7	152.2	152.7	168.58	129.11
	12	133.42	99.98	233.08	369	295.28	217.94	163.95	176.23	170.83	138.86	188	134.95
	13	124.92	123.25	253.8	324.37	297.83	200.92	183.09	159.51	182.66	178.61	171.63	102.28
	14	87.89	102.52	239.86	302.55	221.33	183.11	131.21	159.75	169.08	171.97	147.14	67.67
	15	74.36	95.08	160.28	208.46	156.58	143.05	86.08	149.98	146.67	80.3	98.17	32.47
	16	22.84	54.61	94.67	126.76	111.89	96.75	70.7	82.09	83.75	13.08	1.56	19.05
	17	3.3	6.75	17.17	34.8	25.45	20.73	34.78	32.57	12.95	8.97	2.28	0.78
Difusa	8	48.16	90.67	147.33	207.85	236.17	169.56	215.96	177.5	127.2	107.34	49.58	52.5
	9	107.67	150.16	229.5	261.95	342.14	251.31	298.08	257.38	224.83	195.42	116.67	140
	10	175.66	204	297.5	321.74	372.42	360.31	377.16	340.2	310.63	280	145.83	186.67
	11	221	229.5	351.33	387.22	429.94	405.72	438	375.71	405.3	335.41	207.08	227.5
	12	246.5	269.17	357	404.3	466.28	454.17	441.04	396.41	414.17	364.58	256.66	262.5
	13	255	289	374	432.78	466.28	481.42	431.91	428.96	402.34	332.5	306.25	303.33
	14	240.83	272	328.66	387.22	399.67	448.11	386.29	402.34	360.92	282.91	277.08	291.67
	15	187	204	303.16	333.12	372.42	393.61	358.92	346.13	295.84	259.58	239.17	207.08
	16	138.83	150.16	212.5	298.96	314.89	330.03	276.79	266.25	266.25	224.58	196.78	122.5
	17	42.5	82.17	144.5	205	230.11	260.39	197.71	162.71	174.54	104.78	64.17	51.5
Mundial	8	51.2	94.3	169.75	266.75	304.12	235.12	262.5	208.47	155	110.84	63.88	54.45
	9	140.11	188.61	331.42	441.89	503.44	350.12	397.5	358.89	287.5	237.66	184	176.95
	10	237.11	247.89	479.61	600.86	623.56	454.88	515	440.7	425	375.66	273.44	272.22
	11	301.78	291	552.36	716.72	702.78	595.44	587.5	530.41	557.5	488.12	375.66	356.61
	12	379.92	369.14	590.08	773.3	761.56	672.12	605	572.64	585	503.44	444.66	397.45
	13	379.92	412.25	627.8	757.14	764.12	682.34	615	588.47	585	511.12	477.88	405.61
	14	328.72	374.53	568.53	689.78	621	631.22	517.5	562.09	530	454.88	424.22	359.34
	15	261.36	299.08	463.45	541.58	529	536.66	445	496.11	442.5	339.88	337.34	239.55
	16	161.67	204.78	307.17	425.72	426.78	426.78	347.5	348.34	350	237.66	198.33	141.55
	17	45.8	88.92	161.67	239.8	255.56	281.12	232.5	195.28	187.5	113.75	66.44	52.72

Printed by Books on Demand GmbH, Norderstedt / Germany